DIE PHYSIKALISCH-CHEMISCHE UNTERSUCHUNG DES RHEINWASSERS Nr. 2

ANALYSE PHYSICO-CHIMIQUE DE L'EAU DU RHIN No 2

INTERNATIONALE KOMMISSION
ZUM SCHUTZE DES RHEINS GEGEN VERUNREINIGUNG

COMMISSION INTERNATIONALE
POUR LA PROTECTION DU RHIN CONTRE LA POLLUTION

Bericht über die physikalisch-chemische Untersuchung des Rheinwassers Nr. 2

Juni 1954 bis Juni 1956

ausgearbeitet vom Sekretariat der Kommission
unter der Leitung von Dr. F. Zehender, Zürich, und von der Kommission
genehmigt in der Sitzung vom 28./29. November 1956 in Luxemburg

Rapport sur les analyses physico-chimiques de l'eau du Rhin No 2

juin 1954 à juin 1956

rédigé par le secrétariat de la Commission
sous la direction de M. F. Zehender, Zurich, et approuvé par la Commission
lors de la réunion des 28/29 novembre 1956 à Luxembourg

Springer Basel AG
1957

INHALTSVERZEICHNIS

TABLE DES MATIÈRES

Additional material to this book can be downloaded from http://extras.springer.com.

ISBN 978-3-0348-6790-0   ISBN 978-3-0348-6803-7 (eBook)
DOI 10.1007/978-3-0348-6803-7

VORWORT

In ihrer Sitzung vom 20./21. Mai 1954 in 's-Gravenhage erteilten die Delegierten der Internationalen Kommission zum Schutze des Rheins gegen Verunreinigung ihren Experten den Auftrag, die in der Zeitspanne von Mitte Juni 1953 bis Mitte Juni 1954 durchgeführten chemischen Analysen des Rheinwassers vom Untersee bis nach den Niederlanden auf weitere Untersuchungsjahre auszudehnen, einerseits um dadurch ein Bild zu gewinnen über die Schwankungen, die erwartungsgemäß im Chemismus des Rheinwassers auftreten, und um anderseits zusammen mit entsprechenden Untersuchungen in späteren Jahren Auskunft zu erhalten über die Entwicklung, die in den chemischen Verhältnissen des Rheinstroms sich fortlaufend vollzieht.

Mittlerweile erschien (im Verlag Birkhäuser, Basel und Stuttgart) der erste, die Zeitspanne 1953/54 umfassende Untersuchungsbericht. In der vorliegenden Darstellung werden die Ergebnisse des zweiten und dritten Untersuchungsjahres zusammengefaßt und in ihren wesentlichen Punkten diskutiert. Bereits ist überdies damit begonnen worden, während eines vierten Jahres, wie früher monatlich zweimal, die chemischen Verhältnisse des Rheinwassers auf der festgelegten Stromstrecke zu analysieren. Die Ergebnisse dieser Erhebungen werden Gegenstand eines späteren Berichtes sein.

Die gesamten bisher durchgeführten Untersuchungen, die von den Experten in Gemeinschaftsarbeit ausgeführt werden, verfolgen den Zweck, die chemischen Verhältnisse des Rheinwassers vom Untersee bis nach den Niederlanden in möglichst zuverlässiger Weise zu erfassen und von den Rheinanliegerstaaten anerkennen zu lassen als Grundlage für die Maßnahmen, die zu ergreifen sind, um den Rheinstrom zu sanieren, gemäß der Aufgabe, die der Kommission von den Regierungen von Deutschland, Frankreich, Luxemburg, der Niederlande und der Schweiz übertragen wurde.

Über die praktischen Maßnahmen, die in verschiedenen Rheinanliegerstaaten zur Verbesserung der Verhältnisse im Rheinstrom bereits unternommen wurden, wird ein späterer Bericht Auskunft geben.

Als anläßlich der Sitzung in Luxemburg die Untersuchungsergebnisse in der Kommission besprochen wurden, erwies es sich als wünschbar, dem vorliegenden Bericht noch einige ergänzende Mitteilungen über besondere Fragen hinzuzufügen. Im *Anhang 1*, der von den schweizerischen Experten abgefaßt wurde, finden sich nähere Angaben über die Beziehung zwischen dem Chloridgehalt und der Wasserführung des Rheins. Im *Anhang 2* sind die von den deutschen und holländischen Experten über das offizielle Untersuchungsprogramm der Kommission hinaus ausgeführten Analysen des Rheinwassers beim Übertritt auf das holländische Gebiet zusammengestellt. Es handelt sich dabei um die Bestimmung der Gehalte an Ammonium-, Nitrat- und Phosphationen sowie des biochemischen Sauerstoffbedarfs, des Kaliumpermanganatverbrauchs und des p_H-Wertes.

Zürich, den 31. Mai 1957.

Der Präsident:
O. JAAG

8

Zurzeit setzt sich die Kommission aus folgenden Mitgliedern zusammen:

Delegierte

Deutschland: Dr. P. NIEHUSS, Ministerialdirigent, Bundesministerium für Verkehr, Bonn, Chef der Delegation.

W. KUMPF, Ministerialrat, Bundesministerium für Wirtschaft, Bonn.

Frankreich: P. REUFFLET, Ingénieur général des Mines, Paris, Chef der Delegation.

R. GRAFF, Ingénieur en chef des Ponts et Chaussées, Chef du service de la navigation, Strasbourg.

Luxembourg: G. RISCHARD, Directeur des Eaux et Forêts, Luxembourg, Chef der Delegation.

A. EICHHORN, Inspecteur des Eaux et Forêts, Luxembourg.

Niederlande: Ing. G. B. R. DE GRAAFF, Chefingenieur-Direktor a.D. des Rijkswaterstaat, 's-Gravenhage, Chef der Delegation.

Ing. J. J. HOPMANS, Direktor des Rijksinstituut voor Zuivering van Afvalwater, 's-Gravenhage.

Schweiz: Prof. Dr. O. JAAG, Direktor der Eidg. Anstalt für Wasserversorgung, Abwasserreinigung und Gewässerschutz an der Eidg. Technischen Hochschule (EAWAG), Zürich, Chef der Delegation.

Ing. F. BALDINGER, Vorsteher des Gewässerschutzamtes des Kantons Aargau, Aarau.

Experten

Prof. Dr.-Ing. Dr.-Ing. E. h. G. Schroeder, Ministerialdirigent a. D., Koblenz.

Prof. Dr. phil. P. Sander, Oberregierungsrat an der Bundesanstalt für Gewässerkunde, Koblenz.

Dr.-Ing. B. Dieterich, Bundesministerium für Wirtschaft, Bonn.

Dr. L. Coin, Chef de service du laboratoire d'hygiène de la Ville de Paris, Membre du Conseil Supérieur d'Hygiène Publique de France, Paris.

P. Vivier, Conservateur des Eaux et Forêts, Directeur de la Station centrale d'Hydrobiologie appliquée, Ministère de l'Agriculture, Paris.

E. Robert, Ingénieur en chef des Ponts et Chaussées (Chef de la 2ème Circonscription électrique), Dijon.

M. Denozière, Ingénieur en chef du Génie Rural, chargé du service de l'aménagement agricole des Eaux, Strasbourg.

Ing. J. J. Hopmans, Direktor des Rijksinstituut voor Zuivering van Afvalwater, 's-Gravenhage.

Dr. B. M. Hoeks, Hydrobiologe am Rijksinstituut voor Zuivering van Afvalwater, 's-Gravenhage.

Ing.-chem. N. A. I. M. Boelrijk, Chemiker am Rijksinstituut voor Zuivering van Afvalwater, 's-Gravenhage.
Dr. F. Zehender, Chef des chemischen Laboratoriums der EAWAG, Zürich.
Dr. K. Wuhrmann, Chef der biologischen Abteilung der EAWAG, Zürich.
Dr. W. Rottenberg, Chemiker an der EAWAG, Zürich.

Untersuchungslaboratorien

Schweiz: Eidg. Anstalt für Wasserversorgung, Abwasserreinigung und Gewässerschutz an der ETH, Zürich.
Frankreich: Laboratoire départemental de bactériologie, Strasbourg.
Deutschland: Bundesanstalt für Gewässerkunde, Koblenz.
Niederlande: Rijksinstituut voor Zuivering van Afvalwater, 's-Gravenhage.

Tagungen der Kommission

Seit April 1955 fanden folgende Tagungen statt:
Strasbourg: Experten: 14. September 1955.
Delegierte: 14.–17. September 1955.
Luzern: Experten: 30./31. Oktober 1956.
Luxembourg: Experten: 27. November 1956.
Delegierte: 28./29. November 1956.

I. EINLEITUNG

Die Aufgabe, welche die Delegierten der Internationalen Kommission zum Schutze des Rheins gegen Verunreinigung in ihrer Sitzung vom 20./21. Mai 1954 ihren Experten übertrugen, lautete: Während weiterer Untersuchungsjahre die chemischen Analysen im Rheinstrom weiterzuführen, insbesondere mit Hinsicht auf den Gehalt an Chloriden, Phenolen und an Sauerstoff, also diejenigen Stoffe, denen gemäß den Bedürfnissen der Rheinanliegerstaaten, vor allem den am Niederrhein gelegenen Gebieten Deutschlands und der Niederlande eine besondere Bedeutung zukommt. – Zur Herabsetzung der finanziellen und arbeitsmäßigen Belastung, welche den beteiligten Ländern durch diese Untersuchungen erwachsen, wurden durch die Wahl günstiger gelegener Probenahmestellen und durch eine Verminderung der Zahl der zu erhebenden Proben im Untersuchungsbetrieb Vereinfachungen vorgenommen. Dagegen wurde an der Untersuchungsmethodik sowie am Rhythmus der vierzehntägigen Probenahmen festgehalten. Auf die Erhebung korrespondierender Proben wurde weiterhin verzichtet.

Das auf Grund dieser Beschlüsse aufgestellte Untersuchungsprogramm – siehe nächstes Kapitel – sollte ermöglichen, die in erster Linie interessierenden Veränderungen im Chemismus des Rheinwassers zu erfassen und mittels statistischer Verarbeitung zu interpretieren.

II. DAS UNTERSUCHUNGSPROGRAMM

Im zweiten und dritten Untersuchungsjahr hielt sich die Kommission im wesentlichen an das Programm des vorangegangenen Jahres (vgl. den Bericht der Expertenkommission über die physikalisch-chemische Untersuchung des Rheinwassers, 1. Serie, Juni 1953 bis Juni 1954, Birkhäuser-Verlag, Basel und Stuttgart, 1956, der im folgenden kurz mit «Bericht I» bezeichnet wird).

In teilweiser Abänderung gegenüber dem Vorjahr wurden die in der Tabelle Seite 11 bezeichneten Orte als Probenahmestellen ausgewählt.

Die Wasserproben wurden alle 14 Tage jeweils in der Mitte der Woche (Dienstag, Mittwoch oder Donnerstag) erhoben. Während aber bei der ersten Untersuchung pro Station und Probenahmetage je acht Proben (von vier Punkten des Querprofils sowie vormittags und nachmittags) gefaßt wurden, kam gemäß dem neuen Programm nur noch je eine Probe des Rheinwassers zur Untersuchung, und zwar wurde sie in der Flußmitte, 50 cm unter der Wasseroberfläche etwa 9 Uhr vormittags entnommen.

In den gefaßten Proben waren jeweils in Doppelanalysen die Gehalte an *Sauerstoff*, *Chlorid* und an *Phenol* zu ermitteln. In Stein am Rhein, Kembs und Seltz waren die Phenole nur qualitativ zu bestimmen, an den übrigen Stationen dagegen quantitativ. Die Abflußmenge (in m^3/sec) wurde aus den Pegelständen der der Untersuchungsstelle zunächst gelegenen Station errechnet. Im übrigen wurden die Wasser- und Lufttemperaturen gemessen und Beobachtungen über die Witterungsverhältnisse notiert.

Station	Rhein-km (unterhalb Brücke von Konstanz)	Höhe über Meer* m	Ausführung der Untersuchung durch
1. *Stein am Rhein* (Ausfluß des des Rheins aus dem Untersee)	28	395	Schweiz
2. *Kembs* (unterhalb des Kraftwerkes)	183	229	Schweiz
3. *Seltz* (oberhalb der französisch-deutschen Grenze)	340	110	Frankreich
4. *Braubach* (oberhalb der Mündung von Lahn und Mosel)	581	63	Deutschland
5. *Emmerich* (oberhalb der deutsch-holländischen Grenze	862	11	Deutschland
6. *Lobith* (unterhalb der deutsch-holländischen Grenze)	862	11	Niederlande
7. *Gorinchem* (Waal)	950	4	Niederlande
8. *Vreeswijk* (Lek)	940	2	Niederlande
9. *Kampen* (IJssel)	960	0	Niederlande

* Höhen über «NN» (offizielle Höhenangaben in Deutschland).

An der Analysenmethodik wurde gegenüber dem Vorjahr nichts geändert, das heißt wir bestimmten den Sauerstoffgehalt nach WINKLER, den Chloridgehalt nach MOHR und den Phenolgehalt mit 4-Aminoantipyrin nach ETTINGER. In Abänderung der früheren Praxis wurde die Berechnung der Sauerstoff-Sättigungskonzentration auf Grund der im Jahre 1955 von TRUESDALE, DOWNING und LOWDEN publizierten neuen Tabellen vorgenommen (vgl. Journal of Applied Chemistry 5, 53 [1955]). Die von diesen Autoren sehr sorgfältig durchgeführten Untersuchungen haben nämlich gezeigt, daß in den bisher verwendeten Tabellen (zum Beispiel von WINKLER oder von FOX) zu hohe Sättigungswerte enthalten sind. Verschiedene Gründe sprechen dafür, daß die neuen Truesdaleschen Zahlenangaben den wahren Sättigungskonzentrationen am nächsten kommen.

III. DIE UNTERSUCHUNGSERGEBNISSE

1. Tabellarische und graphische Darstellung der Zahlenwerte

Die Zahlenwerte je eines einjährigen Untersuchungsturnus wurden in gleicher Weise wie im Bericht I in Tabellen zusammengestellt, und zwar enthalten die Tabellen 1 und 5 die Abflußmengen des Rheins für die festgelegten neuen Untersuchungsstellen sowie die Daten der Probenahmetage. In den Tabellen 2 und 6 sind die Sauerstoffgehalte und -indices, in den Tabellen 3 und 7 die Chloridresultate und in den Tabellen 4 und 8 die Phenolwerte eingetragen. Kolonne 1 dieser Tabellen enthält jeweils die Nummer der Probenahmen. In den Kolonnen 2 sind die Gehalte der analysierten Stoffe in mg/l aufgeführt, wobei die Ergebnisse der zweifach ausgeführten Analysen gemittelt wurden. Aus den Gehalten wurde unter Berücksichtigung der Abflußmengen (vgl. Tabellen 1 und 5) die im Zeitpunkt der Probenahme an den betreffenden Stationen abfließenden Stoffmengen (in kg/sec) berechnet und jeweils in der dritten Kolonne eingetragen. In den Tabellen 2 und 6 (Sauerstoffwerte) sind zudem noch die Wassertemperaturen, die errechneten Sauerstoff-Sättigungskonzentrationen, die Differenzen des ermittelten Gehaltes zur Sättigungskonzentration sowie die Sättigungsindices angegeben. Im übrigen trugen wir die arithmetischen Mittel (M) der gleichartigen Werte eines Untersuchungsjahres berechnet in den Tabellen ein und fügten die Zahl der jeweils vorliegenden Einzelwerte (N) hinzu.

Bezüglich der Werte von *Emmerich* und *Lobith* ist folgendes zu bemerken:

Der Vergleich der an diesen Stationen ermittelten *Abflußmengen* führte zur Feststellung, daß ein systematischer Unterschied zwischen den deutschen und den holländischen Messungen besteht. Bei gleichzeitig vorgenommenen Bestimmungen liegen die deutschen Werte höher als die holländischen. Wie die nähere Überprüfung dieses Befundes ergab, sind die Abweichungen auf Unterschiede in der Meßtechnik und in den hydraulischen Bedingungen bei den Meßprofilen zurückzuführen. Da die Vereinheitlichung der Meßmethodik zwischen den deutschen und den holländischen Amtsstellen zurzeit noch nicht abgeschlossen ist, wurden im vorliegenden Bericht jeweils die Mittelwerte der Abflußmengen beider Stationen verwendet, sofern die Probenahme am gleichen Tage erfolgte. In den Tabellen 1 und 5 sind zudem auch die in Emmerich und Lobith gemessenen Einzelwerte eingetragen. Ferner sind in diesen Tabellen die Mittelwerte M der Abflußmengen an den Probenahmetagen sowie die Jahresdurchschnittswerte M' bei täglicher Pegelablesung angegeben.

Auch zwischen den *Analysenwerten* der gleichzeitig in Emmerich und Lobith gefaßten Proben traten bisweilen Unterschiede auf, welche nach unserer Auffassung auf die Probenahme und die Streuung der Analysenmethoden zurückzuführen sind, nicht aber auf einer grundsätzlich verschiedenen Beschaffenheit des Rheinwassers an den beiden Probenahmestellen beruhen. Aus diesem Grunde wurden jeweils die Mittelwerte der Analysenergebnisse der gleichzeitig in Emmerich und Lobith erhobenen Proben gebildet und neben den Einzelwerten in den Tabellen eingetragen. Diese Durchschnittszahlen betrachten wir als maßgeblich für die Beschaffenheit des Rheinwassers an der deutsch-holländischen Grenze.

Im Jahre 1954/55 wurden in Emmerich und Lobith an den Probenahmeterminen Nr. 5 und 11 die Untersuchungen nicht am gleichen Tage vorgenommen, weshalb wir in diesen Fällen keine Mittelwerte bildeten. In den graphischen Darstellungen mit den Werten in chronologischer Reihenfolge zeichneten wir die termingemäß ermittelten holländischen Werte ein. Bei der Berechnung des Jahresdurchschnittes wurden dagegen sämtliche Werte einer Reihe berücksichtigt.

Die in den Tabellen 1–8 verzeichneten Zahlenwerte wurden in Analogie zum Bericht I je für ein Jahr wie folgt graphisch dargestellt:

a) Chronologisch, zweidimensional: Fig. 3 c/d, 4 a/b, 5 a/b (bei den Chlorid-*mengen* [kg/sec] unter Superposition der Werte der einzelnen Probenahmestellen: Fig. 4 e).

b) Chronologisch, dreidimensional: Fig. 2 b/c, 3 e/f, 4 f/g/h/i.

c) Wiedergabe der Einzel- und Mittelwerte: Fig. 2 a, 3 a/b, 4 c/d, 4 a/b.

2. Besprechung der Ergebnisse

Aus den Tabellen 2–4 und 6–8 sowie aus den graphischen Darstellungen Fig. 3–5 geht wiederum deutlich hervor, daß der Rhein in den beiden Berichtsjahren auf der Strecke Stein bis Lobith im allgemeinen eine zunehmende Verunreinigung erfährt. Zu den Befunden im einzelnen fügen wir die nachstehenden Bemerkungen hinzu.

Die hydrologischen Verhältnisse

Um die im Rhein gemessenen Konzentrationen an Abwasserstoffen beurteilen zu können, müssen sie in Beziehung zu den Abflußmengen des Rheinstroms gesetzt werden. Es stellt sich vor allem die Frage, ob in den betreffenden Zeitabschnitten vorwiegend Hochwasser oder Niederwasser geherrscht hat. Ferner war von Interesse, ob die Mittelwerte der Abflußmengen an den von unserer Kommission gewählten Probenahmetagen (je 22–27 pro Jahr) den Jahresmittelwerten, welche aus 365 Einzelmessungen gebildet wurden, entsprechen, das heißt ob in hydrologischer Hinsicht die Untersuchungen unserer Kommission repräsentativ für das betreffende Jahr sind. Zur Prüfung dieser Fragen wurde Tabelle 9 angefertigt, in welcher je für die drei Untersuchungsjahre die Durchschnitte der Abflußmengen der Probenahmetage einerseits und des ganzen Jahres anderseits angegeben sind. Ferner sind auch die mehrjährigen Mittelwerte, soweit sie zur Verfügung standen, in dieser Tabelle eingetragen. Aus Tabelle 9 geht hervor, daß die mittlere Wasserführung des Rheins im ersten Jahre ausgesprochen niedrig und im zweiten Jahre sehr hoch war, während sie im dritten Jahre dem mehrjährigen Mittelwert entsprach. Ferner kann aus der Tabelle geschlossen werden, daß in hydrologischer Hinsicht das aus 22 bis 27 Einzelwerten gebildete Mittel der Messungen der Kommission ungefähr dem Jahresmittel aus 365 Werten gleichgesetzt werden darf.

Im übrigen sind in den Figuren 2 d–h von fünf Pegelstationen am Rhein die Dauerlinien der Abflußmengen für eine mehrjährige Beobachtungszeit einerseits und für die drei Untersuchungsabschnitte anderseits (je Juni bis Juni der Jahre 1953/54, 1954/55 und 1955/56) eingezeichnet. Es handelt sich um folgende Stationen und Beobachtungszeiten:

Pegelstation	Rhein-km	Beobachtungs-jahre
Rheinklingen (unterhalb Stein am Rhein)	33	1945–1955
Basel-St. Alban	168	1931–1955
Maxau (unterhalb Seltz)	362	1936–1950
Kaub (oberhalb Braubach)	546	1936–1950
Rees	837	1936–1950

Die diesen Kurven zu Grunde liegenden Zahlenwerte wurden uns vom Eidgenössischen Amt für Wasserwirtschaft bzw. von der Bundesanstalt für Gewässerkunde freundlicherweise zur Verfügung gestellt.

Aus diesen Darstellungen können die Größen entnommen werden, welche an der betreffenden Station und während der angegebenen Beobachtungsdauer für die hydrologischen Verhältnisse bezeichnend sind.

Sauerstoffgehalt

In den beiden Berichtsjahren zeigte sich wiederum, daß sowohl die Sauerstoffgehalte als auch die Sättigungsindices vom Untersee bis zur deutsch-holländischen Grenze sukzessive abnahmen. Während an den Stationen Stein und Kembs das Rheinwasser meist mit Sauerstoff gesättigt war und in Seltz die Sauerstoffgehalte nur wenig unter der Sättigungskonzentration lagen, traten auf der Strecke Braubach–Lobith erhebliche Sauerstoffdefizite auf. An den holländischen Stationen unterhalb Lobith blieben die Sauerstoffgehalte in der Regel unverändert. Der Sauerstoffgehalt nahm also in diesem Gebiet nicht mehr weiter ab. Aus diesen Befunden darf wiederum der schon im Bericht I aufgeführte Schluß gezogen werden, daß im Mittel- und Niederrhein bis zur deutsch-holländischen Grenze bei der durch die vorhandene Verschmutzung bedingten Sauerstoffzehrung des Rheinwassers die Wiederbelüftung nicht genügt, um die Sauerstoffsättigungskonzentration aufrechtzuerhalten. Auf holländischem Gebiet dagegen entspricht die Wiederbelüftung des Rheinwassers ungefähr seiner Sauerstoffzehrung.

Vergleicht man die Ergebnisse der drei Jahre untereinander, wobei sämtliche Indices nach TRUESDALE und Mitarbeitern (loc. cit.) berechnet wurden, so lassen sich im Ausmaß der Sauerstoffabnahmen, der Defizite und der vom Rhein transportierten Sauerstoffmengen von Jahr zu Jahr gewisse Unterschiede feststellen. Wie eine Gegenüberstellung dieser Werte mit der jeweils herrschenden Wasserführung des Rheins ergibt, nehmen mit zunehmender Abflußmenge auch die Sauerstoffgehalte und die vom Strome transportierten Sauerstoffmengen zu, bzw. vermindern sich auch die Defizite. Im wasserreichen zweiten Untersuchungsjahre waren somit die Sauerstoffgehalte im allgemeinen höher als in den beiden andern Jahren, in welchen meist eine kleine oder mittlere Wasserführung vorherrschte.

Chlorid-Ionen

a) Allgemeiner Überblick

In den beiden Berichtsjahren nahmen die Chloridgehalte und die im Rhein abfließenden Chloridmengen zwischen Stein und Lobith von Station zu Station stets zu. Während in Stein die Gehalte etwa 3 mg/l betrugen, erreichten sie in Lobith je nach der Wasserführung und den Abwasserzuflüssen 39 bis 253 mg/l Chlorid. Die Werte der vom Rhein transportierten Chloridmengen nahmen vom Untersee bis zur deutsch-holländischen Grenze sehr stark zu, das heißt sie erhöhten sich von rund 1 kg/sec auf 145 kg/sec im Minimum, bzw. 335 kg/sec im Maximum. Die Zunahmen der Chloridmengen wechselten stark in den einzelnen Stromabschnitten. Unter Mitberücksichtigung der uns von der Bundesanstalt für Gewässerkunde, Koblenz zur Verfügung gestellten Zahlenwerte der Chloridabflüsse aus der Mosel in den Rhein läßt sich folgendes aussagen: Eine sehr große Zufuhr stellten wir wiederum sowohl zwischen Koblenz, das heißt einem unmittelbar unterhalb der Moselmündung liegenden Profil und Lobith als auch zwischen Kembs und Seltz fest. Kleinere Zunahme wurden auf den Strecken Seltz–Braubach und Braubach–Koblenz (Profil unterhalb der Moselmündung) beobachtet. Zwischen Stein und Kembs floß dem Rhein eine nur geringe Chloridmenge zu.

b) Vergleich der Ergebnisse der drei Jahre untereinander

In Tabelle 11 sind für alle Probenahmestellen die Mittelwerte je eines Jahres zusammengestellt. In Tabelle 12 sind ferner die Werte der zu den einzelnen Stromstrecken zufließenden Chloridmengen als Jahresdurchschnitt eingetragen. Diese Zunahmen sind sowohl in absoluten Mengen (kg/sec) als auch in Prozenten der bei Lobith vorbeifließenden Chloride angegeben. Im weiteren wurden zum Vergleich der Chloridgehalte der einzelnen Beobachtungsreihen in Fig. 6 die Dauerlinien je eines Jahres eingezeichnet.

Bei den im Rheinwasser festgestellten *Chloridkonzentrationen* traten von Jahr zu Jahr große Unterschiede auf. Die höchsten Werte wurden vom Juni 1953 bis Juni 1954 festgestellt, während das darauf folgende Jahr durch die niedrigsten Chloridgehalte auffällt. Auch aus den Dauerlinien lassen sich im allgemeinen die gleichen Unterschiede herauslesen. Beispielsweise zeigt uns diese Darstellung, daß beim Eintritt des Rheins in Holland im ersten Untersuchungsjahre der Gehalt von 250 mg/l Chlorid während rund 30 Tagen überschritten war. Dagegen wurde im zweiten Jahre als höchster Chloridgehalt nur 161 mg/l (Vreeswijk) gemessen. Im allgemeinen nehmen im Rheine die Chloridkonzentrationen mit zunehmender Abflußmenge ab. Über die gegenseitige Beziehung dieser beiden Größen gibt der Anhang 1 dieses Berichtes nähere Aufschlüsse.

Bei den vom Rhein transportierten *Chloridmengen* traten in den drei Jahren ebenfalls erhebliche Unterschiede auf. Die Jahresdurchschnitte der Chloridabflüsse bei Lobith betrugen zum Beispiel:

1953/54	201 kg/sec
1954/55	251 kg/sec
1955/56	242 kg/sec

Aus dieser Gegenüberstellung könnte geschlossen werden, daß im allgemeinen die Zufuhr an chloridhaltigen Abwässern zum Rhein zunimmt. Es ist jedoch zu berücksichtigen, daß das Rheinwasser natürlicherweise etwas Chlorid enthält, welches im Betrage der von uns festgestellten Chloridabflüsse enthalten ist und welches mit größer werdender Abflußmenge zunimmt. Da nun ein erhöhter Chloridabfluß hauptsächlich in den Jahren mit großer Wasserführung auftrat, kann nicht ohne weiteres ausgesagt werden, ob eine Zunahme in der abfließenden Chloridmenge, zum Beispiel im zweiten Untersuchungsjahr gegenüber dem ersten, auf vermehrte Abwasserzufuhr oder auf die größeren Abflußmengen, das heißt auf den natürlichen Chloridgehalt des Rheinwassers zurückgeführt werden muß. Diese Frage wird im Anhang zu diesem Bericht behandelt werden.

Mit Bezug auf die *Zufuhr der Chloride* zu den einzelnen Stromabschnitten (vgl. Tabelle 12) prüften wir, ob in der Menge des dem Rhein aus bestimmten Regionen zufließenden Chlorids oder im Zahlenverhältnis der aus verschiedenen Gebieten anfallenden chloridhaltigen Salze in den drei Untersuchungsjahren Veränderungen auftraten. Wie wir bereits im Bericht I erwähnt haben, hat das Moselgebiet einen nicht geringen Anteil an der Chloridzufuhr zum Rhein. Wir setzten daher in Tabelle 12 auch die betreffenden Werte des aus der Mosel in den Rhein gelangenden Chlorids ein. Dabei verwendeten wir die in den Mitteilungen Nr. 55, 64 und 78 der Bundesanstalt für Gewässerkunde, Koblenz, enthaltenen Angaben. Auf Grund von täglich durchgeführten Probenahmen wurde die bei Koblenz in die Mosel abfließende Chloridmenge ermittelt. Dabei erhielt man folgende Mittelwerte:

Abfluß-jahr	Zeitraum der Untersuchung	Jahres-mittel	Zahl der Einzelwerte
1953	17. November 1952 – 31. Oktober 1953	27,3 kg/sec	342
1954	1. November 1953 – 31. Oktober 1954	27,8 kg/sec	355
1955	1. November 1954 – 31. Oktober 1955	28,9 kg/sec	365

Da diese Untersuchungen zeitlich nicht mit denjenigen unserer Kommission zusammenfielen, berechneten wir den Mittelwert der drei Jahre (= 28,0 kg/sec) und trugen diesen in Tabelle 12 ein.

Der Zufluß der Chloride zu den einzelnen Stromabschnitten wies in den drei Untersuchungsjahren keine sehr großen Unterschiede auf. Immerhin sei festgestellt, daß die Zunahme der Chloridwerte von Station zu Station im ersten Jahre durchwegs niedriger war als in den beiden folgenden Jahren. Zum gleichen Ergebnis gelangten wir schon bei der Betrachtung der Gesamtzufuhr an Chloriden zum Rheine. Die Zahlenverhältnisse der Zunahmen zwischen den einzelnen Strecken sind mit zwei Ausnahmen auffallend konstant. Im dritten Jahre wurde nämlich verglichen mit den beiden Vorjahren zwischen Seltz und Braubach erheblich mehr Chlorid zugeführt, während wir im gleichen Zeitraum zwischen der Mosel und Lobith wesentlich geringere Zunahmen feststellten. Ob es sich dabei um eine grundlegende Verschiebung der Mengenverhältnisse handelt, werden die weiteren Untersuchungen ergeben müssen.

Phenol

a) Allgemeines

Die Konzentration der Phenole im Rheinwasser war an den Stationen des Hoch- und Oberrheins in den beiden Berichtsjahren – wie auch im ersten Jahre – gering. Von Braubach an nahmen die Werte jedoch zu und erreichten bei Lobith einen Höhepunkt. Dagegen traten dann auf holländischem Gebiet wieder Abnahmen im Phenolgehalt und in den abfließenden Phenolmengen auf. Doch verschwanden die Phenole nicht mehr vollständig aus dem Rheinwasser. Zwischen dem ersten Jahre und den beiden Berichtsjahren wurden in den Phenolwerten keine prinzipiellen Unterschiede festgestellt.

b) Die Phenolwerte als Funktion der Wassertemperatur

Beim Vergleich der Werte untereinander springen deutliche jahreszeitliche Unterschiede in die Augen. Die hohen Werte traten vorwiegend in der kalten Jahreszeit auf, während im Sommer sowie meist auch im Frühjahr und Herbst niedrige Phenolgehalte vorlagen. Es war deshalb naheliegend, die Phenolwerte den Wassertemperaturen gegenüberzustellen, was durch die chronologische Auftragung der Werte geschah (vgl. Fig. 7a, b). Aus dieser Darstellung geht hervor, daß der Verlauf von Phenol- und Temperaturwerten gegenläufig ist. Schließlich wurden noch die pro Sekunde abfließenden Phenolmengen in Funktion der Wassertemperatur der Einzelmessungen einerseits und der Mittelwerte von Klassen – je 5° C – anderseits aufgetragen (Fig. 7c). Aus dieser Darstellung geht der Zusammenhang zwischen Phenol- und Wassertemperaturwerten ebenfalls deutlich hervor.

Es läßt sich ohne spezielle Untersuchungen heute noch nicht entscheiden, wieweit die beobachtete Periodizität der Phenolkonzentration auf die Temperaturabhängigkeit des mikrobiellen Phenolabbaues im Flusse zurückgeführt werden kann.

IV. ZUSAMMENFASSUNG

Die von der Kommission an neun Probenahmestellen des Rheins in der Zeit vom 29. Juni 1954 bis 27. Juni 1956 durchgeführten Untersuchungen bestätigen die Ergebnisse des Berichtes I über den Zustand des Rheins im Zeitraum vom Juni 1953 bis Juni 1954 in vollem Umfange. Für die Jahre 1954–1956 ergibt sich zwar meist eine geringere Konzentration an Abwasserstoffen, angegeben in mg/l, als im ersten Berichtsjahr 1953/54. Dies ist aber auf die größere Wasserführung des Rheins im zweiten und dritten Untersuchungsjahre zurückzuführen. Aus den Werten der abfließenden Stoffmengen muß der Schluß gezogen werden, daß der Rhein im Zeitraum 1954–1956 im allgemeinen gleich große, teilweise aber größere Mengen an Verunreinigungen aufnehmen mußte als im Jahre 1953/54.

Es konnte gezeigt werden, daß die im Mittel- und Niederrhein enthaltenen Phenole in der kalten Jahreszeit in viel höherer Konzentration vorliegen als in der warmen Jahreszeit. Es scheint, daß der Abbau der Phenole bei tiefer Wassertemperatur herabgesetzt ist, welche Frage noch weiter verfolgt werden sollte.

In einem Anhang zum vorliegenden Bericht wird die Beziehung zwischen Chloridkonzentration und Abflußmenge im Niederrhein diskutiert. In Übereinstimmung mit anderen Untersuchungen wird eine lineare Regression der Konzentrationswerte auf die reziproken Werte der Abflußmenge gefunden. Unter Beachtung ihres Gültigkeitsbereiches ist diese Beziehung für objektive Vergleiche zwischen verschiedenen Untersuchungsjahren gut geeignet.

VERZEICHNIS DER TABELLEN UND FIGUREN

Tabellen

Analysenwerte des Jahres 1954/1955

Analysenwerte des Jahres 1955/1956

Zusammenstellungen der Mittelwerte 1953–1956

Figuren

PRÉFACE

Dans leur réunion des 20 et 21 mai 1954 à 's-Gravenhage, les délégués de la Commission internationale pour la protection du Rhin contre la pollution ont chargé les experts de prolonger de plusieurs années les analyses chimiques de l'eau du Rhin (entre l'Untersee et les Pays-Bas), faites de juin 1953 en juin 1954. D'une part l'on a pris cette décision afin de pouvoir se faire une image des variations annuelles à prévoir dans la composition chimique de l'eau du Rhin, et d'autre part pour obtenir dans les années à venir, par des analyses analogues, des renseignements sur le développement continuel des conditions chimiques du Rhin.

Entre-temps, le premier rapport sur les analyses faites entre juin 1953 et juin 1954 a paru (édition Birkhäuser, Bâle et Stuttgart). Dans le présent exposé, les résultats des deuxième et troisième années d'analyses sont résumés et leurs points essentiels sont discutés. En outre, on a commencé une quatrième année d'analyses avec deux prélèvements par mois aux lieux fixés, et analyse des conditions chimiques de l'eau du Rhin tout comme auparavant. Les résultats de ces recherches feront l'objet d'un rapport ultérieur.

Toutes les analyses faites jusqu'à présent en commun par les experts, ont pour but de concevoir les conditions chimiques de l'eau du Rhin entre l'Untersee et les Pays-Bas, de façon précise et de faire reconnaître ces conditions par les riverains du Rhin. Elles devront servir de base à l'élaboration des mesures à entreprendre pour assainir le Rhin selon la tâche donnée à la commission par les gouvernements de l'Allemagne, de la France, du Luxembourg, des Pays-Bas et de la Suisse. Un rapport ultérieur renseignera également sur les mesures pratiques, déjà prises par les différents pays riverains, en vue de l'amélioration des conditions dans le Rhin.

Lorsque les résultats d'analyses furent discutés au cours de la séance de la Commission à Luxembourg, il apparut souhaitable d'ajouter au présent rapport quelques informations supplémentaires sur des questions particulières. Dans l'*annexe* 1, rédigée par les experts suisses, l'on trouvera des renseignements plus précis sur la relation entre la teneur en chlorure et le débit du Rhin. Dans l'*annexe* 2 sont groupés les résultats d'analyses que MM. les experts allemands et hollandais ont exécutées en dehors du programme officiel de la Commission. Ce sont des résultats d'analyses d'échantillons d'eau du Rhin prélevés à la frontière germano-hollandaise. Il s'agit de la détermination de la teneur en ion-ammoniaque, ion-nitrate et ion-phosphate ainsi que de la demande biochimique en oxygène, de la consommation en permanganate de potasse et du pH.

Zurich, le 31 mai 1957.   Le Président:

O. JAAG

La Commission est actuellement composée des membres suivants:

Délégués

Allemagne: Dr. P. NIEHUSS, Ministerialdirigent, Bundesministerium für Verkehr, Bonn; Chef de la délégation.

W. KUMPF, Ministerialrat, Bundesministerium für Wirtschaft, Bonn.

France: P. REUFFLET, Ingénieur général des Mines, Paris; Chef de la délégation.

R. GRAFF, Ingénieur en chef des Ponts et Chaussées, Chef du service de la navigation, Strasbourg.

Luxembourg: R. RISCHARD, Directeur des Eaux et Forêts, Luxembourg; Chef de la délégation.

A. EICHHORN, Inspecteur des Eaux et Forêts, Luxembourg.

Pays-Bas: Ing. G. B. R. DE GRAAFF, Ingénieur en chef, directeur en retraite du Rijkswaterstaat, 's-Gravenhage; Chef de la délégation.

Ing. J. J. HOPMANS, Directeur du Rijksinstituut voor Zuivering van Afvalwater, 's-Gravenhage.

Suisse: Prof. Dr. O. JAAG, Directeur de l'Institut fédéral pour l'aménagement, l'épuration et la protection des eaux annexé à l'Ecole Polytechnique Fédérale (EAWAG), Zurich; Chef de la délégation.

F. BALDINGER, Ingénieur, Chef du Gewässerschutzamt des Kantons Aargau, Aarau.

Experts

Prof. Dr-ing. Dr-ing. h. c. G. Schroeder, Ministerialdirigent en retraite, Coblence.

Prof. Dr-phil. P. Sander, Oberregierungsrat à la Bundesanstalt für Gewässerkunde, Coblence.

Dr-ing. B. Dieterich, Bundesministerium für Wirtschaft, Bonn.

Dr L. Coin, Chef de service du laboratoire d'hygiène de la Ville de Paris, Membre du Conseil Supérieur d'Hygiène Publique de France, Paris.

P. Vivier, Conservateur des Eaux et Forêts, Directeur de la Station centrale d'Hydrobiologie appliquée, Ministère de l'Agriculture, Paris.

E. Robert, Ingénieur en chef des Ponts et Chaussées (Chef de la 2ème circonscription électrique), Dijon.

M. Denozière, Ingénieur en chef du Génie Rural, chargé du service de l'aménagement agricole des Eaux, Strasbourg.

Ing. J. J. Hopmans, Directeur du Rijksinstituut voor Zuivering van Afvalwater, 's-Gravenhage.

Dr B. M. Hoeks, Hydrobiologue au Rijksinstituut voor Zuivering van Afvalwater, 's-Gravenhage.

Ing.-chim. N. A. I. M. Boelrijk, Rijksinstituut voor Zuivering van Afvalwater, 's-Gravenhage.
Dr F. Zehender, Chef du laboratoire chimique de l'EAWAG, Zurich
Dr K. Wuhrmann, Chef de la section biologique de l'EAWAG, Zurich.
Dr W. Rottenberg, Chimiste à l'EAWAG, Zurich.

Laboratoires participant aux recherches

Suisse:	Institut fédéral pour l'aménagement, l'épuration et la protection des eaux annexé à l'EPF, Zurich.
France:	Laboratoire départemental de bactériologie, Strasbourg.
Allemagne:	Bundesanstalt für Gewässerkunde, Coblence.
Pays-Bas:	Rijksinstituut voor Zuivering van Afvalwater, 's-Gravenhage.

Séances de la Commission

Depuis le mois d'avril 1955 les séances suivantes ont eu lieu:

Strasbourg:	Experts: 14 septembre 1955.
	Délégués: 14–17 Septembre 1955.
Lucerne:	Experts: 30/31 octobre 1956.
Luxembourg:	Experts: 27 novembre 1956.
	Délégués: 28/29 novembre 1956.

I. INTRODUCTION

Lors de leur session des 20 et 21 mai 1954, les délégués de la Commission internationale pour la protection du Rhin contre la pollution, ont prié les experts de poursuivre les analyses chimiques de l'eau du Rhin, en considérant surtout la teneur en chlorures, en phénols et en oxygène; c'est-à-dire les matières qui sont d'une importance particulière pour les usages qu'en font les pays riverains du bas Rhin, spécialement les Pays-Bas et quelques régions de l'Allemagne.

Afin de réduire les frais et le travail résultant de ces analyses pour les divers pays, on a procédé à des simplifications dans le système d'analyses, par le choix de lieux de prélèvements mieux situés d'une part et d'autre part par la réduction du nombre de prélèvements. Par contre l'on n'a modifié ni les méthodes d'analyses, ni le rythme des prélèvements qui est de quinze jours. On a décidé de renoncer, comme jusqu'à présent, aux prélèvements correspondants. Basé sur ces décisions, le programme d'analyses – voir le chapitre prochain – devait faciliter la compréhension des modifications les plus importantes intervenant dans le chimisme de l'eau du Rhin et de les interpréter au moyen d'études statistiques.

II. LE PROGRAMME DE RECHERCHES

Les deuxième et troisième années d'analyses, la Commission ne s'est pour ainsi dire pas écartée du programme de la première année; cf. rapport de la Commission des experts sur les analyses physico-chimiques de l'eau du Rhin (éditions Birkhäuser, Bâle et Stuttgart, 1956), que nous désignerons par «rapport I» dans le présent rapport.

A l'exception de trois stations, les lieux de prélèvements sont restés les mêmes (voir tableau page 25).

Les échantillons ont été pris tous les quinze jours au milieu de la semaine (mardi, mercredi ou jeudi). Si l'on a pris huit échantillons par station et par jour de prélèvement (à 4 points du profil transversal, matin et après-midi) lors de la 1ère série d'analyses, l'on n'a analysé au cours des deux nouveaux cycles qu'un échantillon de l'eau du Rhin, pris au milieu du fleuve, à 0,5 m au-dessous de la surface, à environ 09.00 h du matin.

Il fallait faire une double analyse des ces échantillons, pour rechercher la teneur en *oxigène*, en *chlorures* et en *phénols*. A Stein sur le Rhin, à Kembs et à Seltz, les phénols ne pouvaient être déterminés que qualitativement, aux autres stations par contre quantitativement. Le débit (en m^3/sec) a été calculé d'après le niveau limnimétrique de la station la plus proche. En outre, l'on a noté les températures de l'eau et de l'air ainsi que des observations météorologiques.

La méthode des analyses n'a pas été modifiée, c'est-à-dire que nous avons déterminé la teneur en oxygène d'après WINKLER, la teneur en chlorures d'après MOHR et la teneur en phénols avec la 4-amino-antipyrine d'après ETTINGER.

Station	km-Rhin (en aval du pont de Constance)	Altitude* m	Analyses effectuées par
1) *Stein sur le Rhin* (sortie du Rhin de l'Untersee)	28	395	Suisse
2) *Kembs* (en aval de l'usine de force motrice)	183	229	Suisse
3) *Seltz* (en amont de la frontière franco-allemande)	340	110	France
4) *Braubach* (en amont des embouchures de la Lahn et de la Moselle)	581	63	Allemagne
5) *Emmerich* (en amont de la frontière germano-hollandaise)	862	11	Allemagne
6) *Lobith* (en aval de la frontière germano-hollandaise)	862	11	Pays-Bas
7) *Gorinchem* (Waal)	950	4	Pays-Bas
8) *Vreeswijk* (Lek)	940	2	Pays-Bas
9) *Kampen* (IJssel)	960	0	Pays-Bas

* Altitude au-dessus de « NN » (Niveau officiel pour les mesures d'altitude en Allemagne).

Le calcul de la concentration de la saturation en oxygène par contre a été modifié et fait d'après les nouveaux tableaux de Truesdale, Downing et Lowden, publiés en 1955 (cf. le Journal of Applied Chemistry 5, 53, [1955]). Les recherches très soigneuses de ces auteurs ont montré que les tableaux utilisés jusqu'à présent (par exemple de Winkler ou de Fox) contiennent des valeurs de saturation trop élevées. L'on peut affirmer pour différentes raisons que les nouveaux chiffres de Truesdale sont les plus proches de la vraie teneur en oxygène.

III. RÉSULTATS DES ANALYSES

1) Représentation tabellaire et graphique des résultats d'analyses

Les valeurs ont été portées sur tableaux, par cycle d'analyses, comme dans le rapport I. Par conséquent, les tableaux 1 et 5 contiennent les débits du Rhin aux neuf stations de prélèvements fixées et les dates des jours de prélèvement. Les tableaux 2 et 6 contiennent la teneur en oxygène et l'index de saturation; les tableaux 3 et 7 les valeurs de chlorures et les tableaux 4 et 8 les valeurs de phénols. La première colonne de ces tableaux indique les numéros de prélèvement; la deuxième colonne la teneur des matières analysées en mg/l (moyennes d'analyses doubles). A l'aide des dites valeurs on a calculé, en tenant compte des débits (cf. tableaux 1 et 5), la teneur des différentes matières en kg/sec, au moment du prélèvement. Ces valeurs-là sont contenues dans la troisième colonne de chaque tableau. Dans les tableaux 2 et 6 (valeurs d'oxygène) figurent en outre les températures de l'eau, les concentrations calculées de la saturation en oxygène, les différences entre la teneur effective et la concentration calculée de la saturation, ainsi que l'index de saturation. On a également calculé et noté les moyennes arithmétiques (M) des valeurs, par cycle d'analyses, contenues dans une même colonne; le nombre de prélèvements est indiqué par N.

En ce qui concerne les valeurs d'*Emmerich* et de *Lobith*, nous pouvons faire les remarques suivantes:

La comparaison des *débits* mesurés à ces deux stations a conduit à la constatation qu'il doit exister une différence systématique entre les mesures allemandes et hollandaises. Pour des mesures faites simultanément, les valeurs allemandes sont supérieures aux valeurs hollandaises. Un examen approfondi a révélé que les discordances sont dues à des différences de la méthode de mesures et aux conditions hydrauliques des profils de mesurage. Vu que les pourparlers entre les services compétents allemand et hollandais ne sont pas encore terminés, nous avons appliqué dans le présent rapport les valeurs moyennes de débit des deux stations pour les prélèvements faits le même jour. Dans les tableaux 1 et 5 figurent en outre les valeurs isolées d'Emmerich et de Lobith. D'autre part l'on y trouvera les valeurs moyennes M des débits aux jours de prélèvements et les valeurs moyennes annuelles M' calculées pour des mesures journalières.

Nous avons également constaté quelquefois des divergences entre les *résultats d'analyses* de prélèvements simultanés à Emmerich et à Lobith. Nous pensons que ces divergences sont causées par le mode de prélèvement et la dispersion inhérente aux méthodes d'analyse appliquées et non à une composition entièrement différente de l'eau du Rhin aux deux stations de prélèvement. Pour cette raison nous avons calculé les valeurs moyennes des prélèvements simultanés à Emmerich et Lobith, et les avons marquées dans les tableaux immédiatement après les valeurs isolées. Nous considérons que les valeurs moyennes sont déterminantes pour la qualité de l'eau du Rhin à la frontière germano-hollandaise.

Vu que les prélèvements Nos 5 et 11 de l'année d'analyse 1954/55 n'ont pas été exécutés le même jour à Emmerich et à Lobith, nous n'avons pas calculé les moyennes pour ces deux prélèvements. Dans les figures à représentation chronologique, nous avons marqué les valeurs d'analyses hollandaises, exécutées le jour de prélèvement fixé à l'avance. Pour le calcul de la moyenne annuelle par contre, nous avons considéré toutes les valeurs d'une série.

Les valeurs numériques figurant dans les tableaux 1 à 8 ont été représentées graphiquement par année, en analogie au rapport I, comme suit:
    a) chronologiquement, en deux dimensions: fig. 3 c/d, 4 a/b, 5 a/b (dans la fig. 4 e en superposant les valeurs des différents lieux de prélèvements, sont représentées les *quantités* de chlorures [en kg/sec]),

b) chronologiquement, en trois dimensions: fig. 2b/c, 3e/f, 4f/g/h/i,
c) représentation des valeurs isolées et moyennes: fig. 2a, 3a/b, 4c/d, 5a/b.

2) Discussion des résultats

Il ressort une fois de plus clairement des tableaux 2 à 4 et 6 à 8, ainsi que des représentations graphiques fig. 3 à 5, que le Rhin a subi une pollution croissante entre Stein et Lobith au cours des deux dernières années d'analyses. Voici nos remarques au sujet des divers résultats.

Les conditions hydrologiques

Afin de pouvoir juger des concentrations en substances d'eaux usées, mesurées dans le Rhin, il faut les confronter avec les débits du Rhin. Il faut surtout déterminer s'il s'agissait de périodes à beaucoup ou à peu d'eau. Il était également important de savoir si les moyennes des débits aux jours de prélèvements choisis par notre commission (22 à 27 par année) correspondaient aux moyennes annuelles calculées de 365 mesures isolées, c'est-à-dire si les analyses de notre commission sont représentatives, au point de vue hydrologique, pour l'année en question. Le tableau 9 contient aussi bien les moyennes des débits des jours de prélèvements que les moyennes de toute l'année. Les valeurs des trois années d'analyses y figurent. Les moyennes des débits de plusieurs années, pour autant que nous avons pu les obtenir, figurent dans le même tableau. Il ressort du dit tableau 9 que le débit moyen du Rhin était extrêmement faible au cours de la première année, très fort dans la deuxième et correspondait à la moyenne de plusieurs années au cours de la troisième année d'analyses. De ce tableau on peut en outre conclure que du point de vue hydrologique, la moyenne établie de 22 à 27 valeurs isolées des mesures de notre commission correspond sommairement à la moyenne calculée de 365 valeurs.

Dans les figures 2d à 2h nous avons porté les débits classés de cinq échelles limnimétriques du Rhin pour une durée d'observation de plusieurs années d'une part, et d'autre part pour les trois cycles d'analyses (de juin en juin des années 1953/54, 1954/55 et 1955/56). Il s'agit des stations et cycles de prélèvements suivants:

Station limnimétrique	km-Rhin	Années d'observation
Rheinklingen (en aval de Stein)	33	1945–1955
Bâle-St-Albain	168	1931–1955
Maxau (en aval de Seltz)	362	1936–1950
Kaub (en amont de Brauchbach)	546	1936–1950
Rees	837	1936–1950

Les valeurs numériques qui sont à la base de ces courbes nous ont été communiquées par le Service Fédéral des Eaux, respectivement par la Bundesanstalt für Gewässerkunde.

Ces représentations permettent de relever les grandeurs caractéristiques pour les conditions hydrologiques à la station en question et pendant la période d'observation donnée.

Teneur en oxygène

Les résultats des deux cycles d'analyses montrent à nouveau qu'aussi bien la teneur en oxygène que l'index de saturation ont successivement baissé entre l'Untersee et la frontière germano-hollandaise. Si la saturation en oxygène de l'eau du Rhin a été généralement satisfaisante aux stations de Stein et de Kembs et ne s'est trouvée que peu au-dessous de la concentration de la saturation à Seltz, il a fallu constater des déficits d'oxygène entre Braubach et Lobith. En règle générale, la teneur en oxygène ne s'est guère modifiée aux stations situées en aval de Lobith; c'est-à-dire que la teneur en oxygène n'a plus diminué dans cette région. Ces constatations permettent d'affirmer, comme dans le rapport I, que dans le Rhin moyen et le bas Rhin, jusqu'à la frontière germano-hollandaise, l'aération naturelle de l'eau du Rhin est insuffisante pour maintenir la concentration de la saturation à son taux normal. Cela en raison de la grande consommation d'oxygène, conditionnée par la pollution du fleuve. Sur territoire hollandais par contre, l'aération de l'eau du Rhin correspond à peu près à sa consommation d'oxygène.

Si l'on compare les résultats de ces trois années, calculés d'après TRUESDALE et ses collaborateurs (cf. chapitre II), on peut constater d'année en année certaines différences dans la quantité d'oxygène consommé, des déficits d'oxygène et des quantités d'oxygène transporté par le Rhin. Une confrontation de ces valeurs avec les débits du Rhin respectifs, montre que si le débit augmente, la teneur en oxygène et la quantité d'oxygène transporté par le Rhin augmentent également; par conséquent les déficits diminuent. La teneur en oxygène a donc été généralement supérieure au cours de la deuxième année d'analyses, à forts débits, aux deux autres années à débits plus faibles.

Ion-chlore

a) Généralités

Au cours des deux cycles d'analyses, la quantité de chlorures transportés par le Rhin n'a fait qu'augmenter de station en station entre Stein et Lobith. Si la teneur en chlorures à Stein n'a été que d'environ 3 mg/l, elle a été de 39 à 253 mg/l à Lobith, suivant le débit et le déversement d'eaux usées dans le Rhin. En d'autres termes, la quantité de chlorures transportés par le fleuve depuis l'Untersee à la frontière germano-hollandaise est montée d'environ 1 kg/sec à 145 kg/sec au minimum et à 335 kg/sec au maximum. L'augmentation de la teneur en chlorures est très différente dans les divers tronçons. Si l'on considère les quantités de chlorures que la Moselle déverse dans le Rhin (ces valeurs numériques nous ont été communiquées par la Bundesanstalt für Gewässerkunde), l'on peut dire: Nous avons à nouveau constaté un apport très considérable entre Coblence (c'est-à-dire à un profil situé immédiatement après l'embouchure de la Moselle) et Lobith, ainsi qu'entre Kembs et Seltz. De plus faibles augmentations ont été observées sur les tronçons Seltz–Braubach et Braubach–Coblence (profil en aval de l'embouchure de la Moselle). L'apport en chlorures entre Stein et Kembs est minime.

b) Comparaison des résultats des trois cycles d'analyses

Dans le tableau 11 figurent les moyennes mesurées à chaque station de prélèvement, groupées par année. Le tableau 12 contient les moyennes annuelles des quantités de chlorures déversés dans le Rhin dans les différents tronçons du fleuve. L'augmentation en chlorures est indiquée aussi bien en quantités absolues (kg/sec) qu'en pour-cent. A titre de comparaison on a représenté dans la figure 6 les courbes des concentrations de la teneur en chlorures classées par années d'analyses.

L'on a constaté que la *concentration en chlorures* de l'eau du Rhin a beaucoup varié d'année en année. Les plus grandes valeurs ont été mesurées entre juin 1953 et juin 1954. L'année suivante est caractérisée par les plus petites valeurs enregistrées. Les courbes des concentrations classées donnent une idée analogue. Cette figure nous montre par exemple, que la teneur en chlorures de 250 mg/l a été dépassée au cours de la première année d'analyses, à l'entrée du Rhin dans les Pays-Bas, pendant environ trente jours. L'année suivante par contre, l'on n'a mesuré que 161 mg/l de chlorures comme teneur maximum (à Vreeswijk). Lorsque le débit augmente, les concentrations en chlorures deviennent en général plus faibles. Dans l'annexe 1 du présent rapport, nous examinerons la réciprocité de ces grandeurs.

Les *quantités de chlorures* transportés par le Rhin ont également beaucoup varié au cours des trois années d'analyses. Voici les moyennes annuelles des chlorures contenus dans l'eau du Rhin à Lobith:

1953/54	201 kg/sec
1954/55	251 kg/sec
1955/56	242 kg/sec

Cette confrontation semble prouver que le déversement dans le Rhin d'eaux usées contenant des chlorures, va augmentant. Il faut cependant considérer que l'eau du Rhin contient un peu de chlorures autochtones qui figurent dans les quantités de chlorures transportés par le Rhin et dont la quantité augmente avec le débit. Vu qu'on a constaté un débit de chlorures supérieur, surtout dans les années à forts débits, l'on ne peut pas sans autre affirmer que l'augmentation (de la deuxième à la première année) des chlorures transportés par le Rhin est causée par un déversement d'eaux usées plus considérable ou par les débits plus forts. Nous discuterons cette question dans un chapitre annexé au rapport.

C'est le tableau 12 qui renseigne sur le *déversement de chlorures* dans les différents tronçons du fleuve. Basé sur ce tableau, il s'agit d'examiner si, au cours des trois cycles d'analyses des changements se sont produits soit dans la quantité de chlorures déversés dans le Rhin par certaines régions, soit dans le rapport

des déversements dans les différents tronçons. Nous l'avons déjà dit dans
le rapport I, que la part du bassin de la Moselle, en ce qui concerne le déversement de chlorures dans le Rhin, n'est pas négligeable. Pour cette raison nous avons également indiqué dans le tableau 12 les quantités respec-
tives de chlorures déversés par la Moselle dans le Rhin. Nous nous sommes
basés pour cela sur les indications publiées dans les informations nos. 55, 64 et 78
de la Bundesanstalt für Gewässerkunde à Coblence. La quantité de chlorures
déversés dans le Rhin à Coblence, a été déterminée par des analyses journalières. Voici les moyennes obtenues:

Année d'écoule-ment	Période des analyses	Moyenne annuelle	Nombre des valeurs isolées
1953	17 novembre 1952 – 31 octobre 1953	27,3 kg/sec	342
1954	1er novembre 1953 – 31 octobre 1954	27,8 kg/sec	355
1955	1er novembre 1954 – 31 octobre 1955	28,9 kg/sec	365

Vu que les dates de ces analyses ne correspondaient pas aux nôtres, nous
avons calculé la moyenne des trois années (= 28,0 kg/sec) et avons porté cette
valeur dans le tableau 12.

L'apport de chlorures dans les différents tronçons n'a que très peu varié au
cours des trois années d'analyses. Il faut cependant mentionner que la quantité
de chlorures déversés dans le Rhin au cours du premier cycle d'analyses a été
dans tous les tronçons inférieure à la quantité des deux cycles suivants. En considérant le déversement total de chlorures dans le Rhin, nous avons fait la
même constatation. Les relations de grandeur des augmentations entre les
divers tronçons sont, à deux exceptions près, d'une constance frappante. En
comparaison aux deux années précédentes, le déversement de chlorures a été
de beaucoup supérieur pendant la troisième année entre Seltz et Braubach,
tandis qu'entre la Moselle et Lobith, nous avons constaté une augmentation
bien inférieure dans la même période. Les études ultérieures vérifieront s'il
s'agit là de fluctuations effectives.

Phénols

a) Généralités

Au cours des deux années d'analyses – comme au cours du premier cycle –
la concentration des phénols de l'eau du Rhin a été faible dans le Rhin supérieur et le haut Rhin. Depuis Braubach, les valeurs augmentaient et le maximum a été atteint à Lobith. Sur territoire hollandais par contre, teneur et
quantité de phénols transportés par le Rhin ont diminué. Ces phénols n'ont
cependant pas complètement disparu de l'eau du Rhin. Entre le premier cycle
d'analyses et les deux suivants, l'on n'a pas pu constater des différences fonda-
mentales dans les valeurs des phénols.

b) Les valeurs de phénols en fonction de la température

Lorsque l'on compare les dites valeurs, l'on est frappé par des différences correspondant aux saisons. Nous avons mesuré les fortes teneurs surtout pendant la saison froide, tandis que la teneur en phénols était d'habitude faible en été et souvent aussi au printemps et en automne. Il était donc pour ainsi dire naturel de comparer les valeurs de phénol aux températures de l'eau. Nous l'avons fait dans les figures 7a, b en indiquant les valeurs chronologiquement. Il découle de cette figure que les courbes des valeurs de phénols et des températures subissent des variations inverses. Finalement on a également indiqué les quantités de phénols débités par seconde en fonction de la température d'eau des mesures isolées d'une part et des moyennes de classes à 5° C la classe (Fig. 7c). Cette figure permet de voir clairement qu'il existe une relation entre les teneurs en phénols et la température de l'eau.

Sans analyses spéciales l'on ne peut aujourd'hui juger jusqu'à quel point la périodicité de la concentration des phénols, que nous avons observée, est due à l'influence de la température sur la décomposition microbienne des phénols.

IV. RÉSUMÉ

Les résultats des analyses, faites par la Commission à neuf stations du Rhin entre le 29 juin 1954 et le 27 juin 1956, confirment entièrement les résultats du rapport I en ce qui concerne l'état du Rhin dans la période allant de juin 1953 en juillet 1954. Il est vrai que la concentration des composantes polluantes, indiquée en mg/l a été, dans les années 1954/56, souvent inférieure à la concentration de la première année d'analyses 1953/54. Cela est cependant dû au débit supérieur du Rhin pendant les deuxième et troisième années d'analyses. Les quantités de composantes polluantes contenues dans l'eau du Rhin pendant les années d'analyses 1954–1956 nous permettent de conclure que le Rhin a reçu, au cours de cette période, des quantités de matières polluantes égales, voir supérieures aux déversements de l'année 1953/54.

L'on a pu montrer que les quantités de phénols présents dans le Rhin moyen et le bas Rhin ont des concentrations bien supérieures pendant la saison froide et pendant la saison chaude ces concentrations sont inférieures. Il semble que la décomposition des phénols soit plus faible à basse température. Ce problème devrait cependant être étudié plus en détail.

Dans un chapitre annexé au présent rapport, nous discuterons de la relation entre la concentration en chlorures et le débit dans le bas Rhin. En concordance à d'autres recherches, on trouve une régression linéaire dans la relation entre les valeurs de concentration et les valeurs réciproques des débits. Cette corrélation se prête bien à faire des comparaisons objectives entre les divers cycles d'analyses, à condition que l'on tienne compte de sa validité restreinte.

LISTE DES TABLEAUX ET FIGURES

Tableaux

Valeurs analytiques du cycle 1954/1955

Valeurs analytiques du cycle 1955/1956

Résumés des valeurs moyennes des années 1953/1956

Figures

Additional material from *Bericht Über die Physikalisch-Chemische Untersuchung des Rheinwassers*
ISBN 978-3-0348-6790-0 (978-3-0348-6790-0_OSFO1),
is available at http://extras.springer.com

Übersichtskarte / Carte d'ensemble

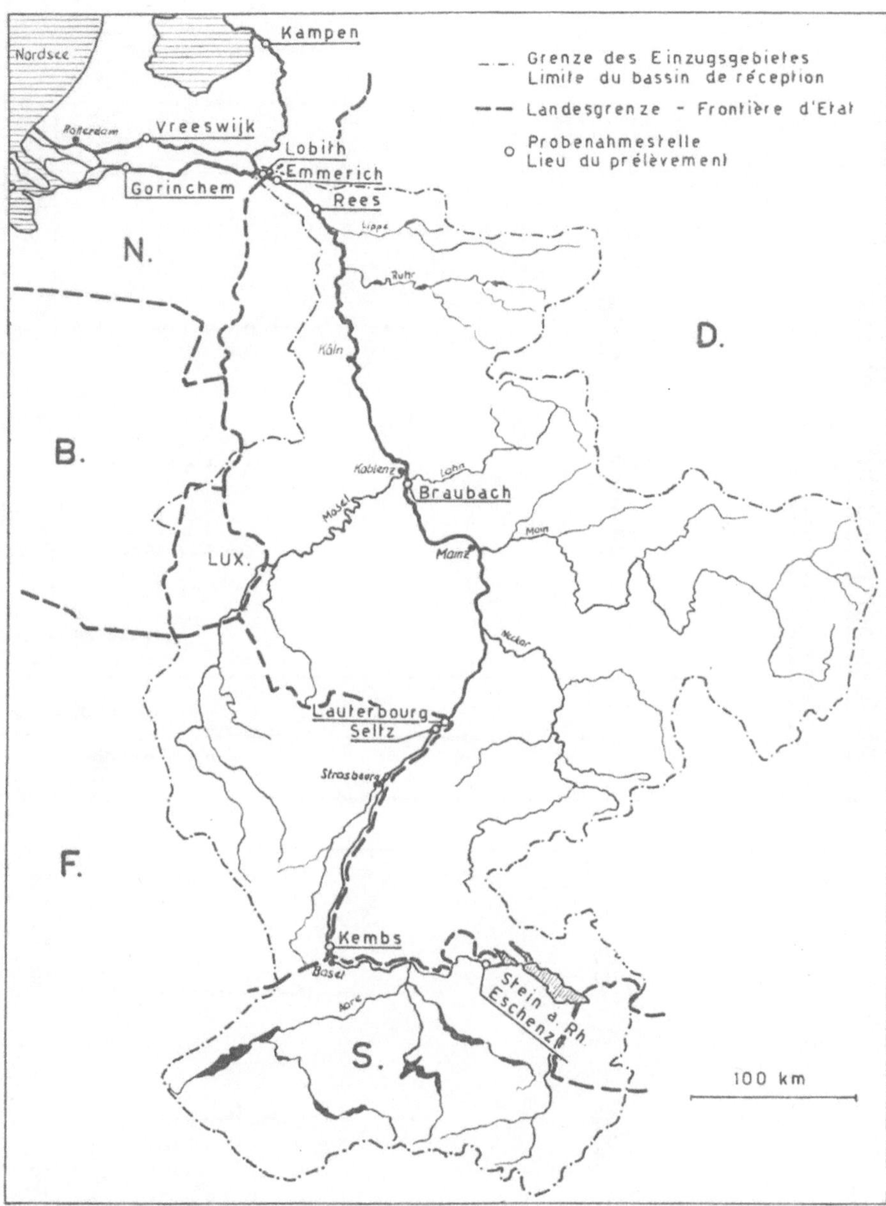

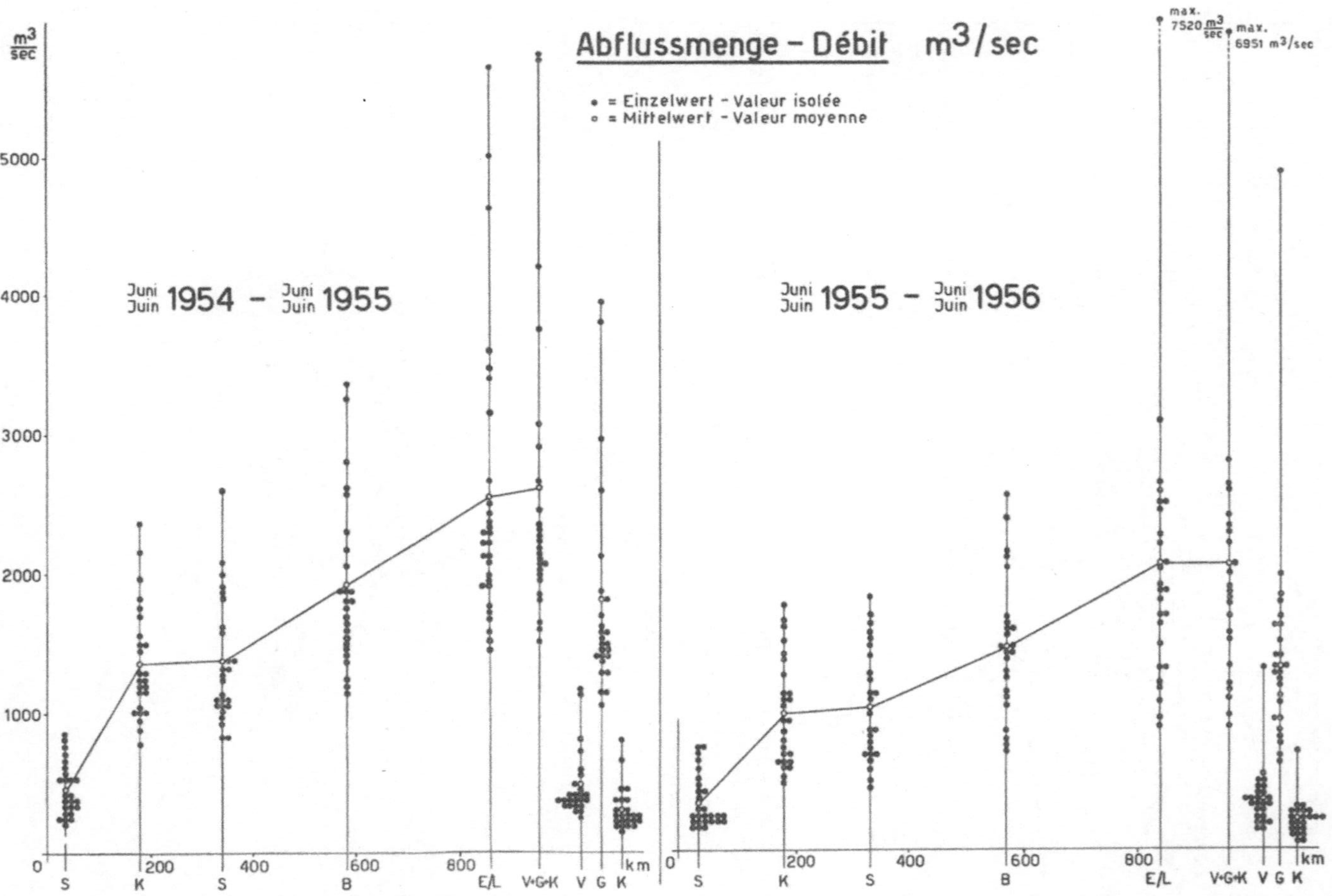
Abflussmenge – Débit   m3/sec
• = Einzelwert – Valeur isolée
○ = Mittelwert – Valeur moyenne
Juni 1954 – Juni 1955
Juin 1954 – Juin 1955
Juni 1955 – Juni 1956
Juin 1955 – Juin 1956
max. 7520 m3/sec
max. 6951 m3/sec
m3/sec
5000
4000
3000
2000
1000
0   S   K   S   200   400   B   600   800   E/L   V+G+K   V G K km
0   S   K   S   200   400   B   600   800   E/L   V+G+K   V G K km
Fig. 2 a

Fig. 2 b

Abflussmengen – Débits
Juni 1954 – Juni 1955
m3/sec
6000
4000
2000
0
Nr. der Probenahme
No. du prélèvement
VG+K
E/L
B
S
K
S
1
5
10
15
20
25
27

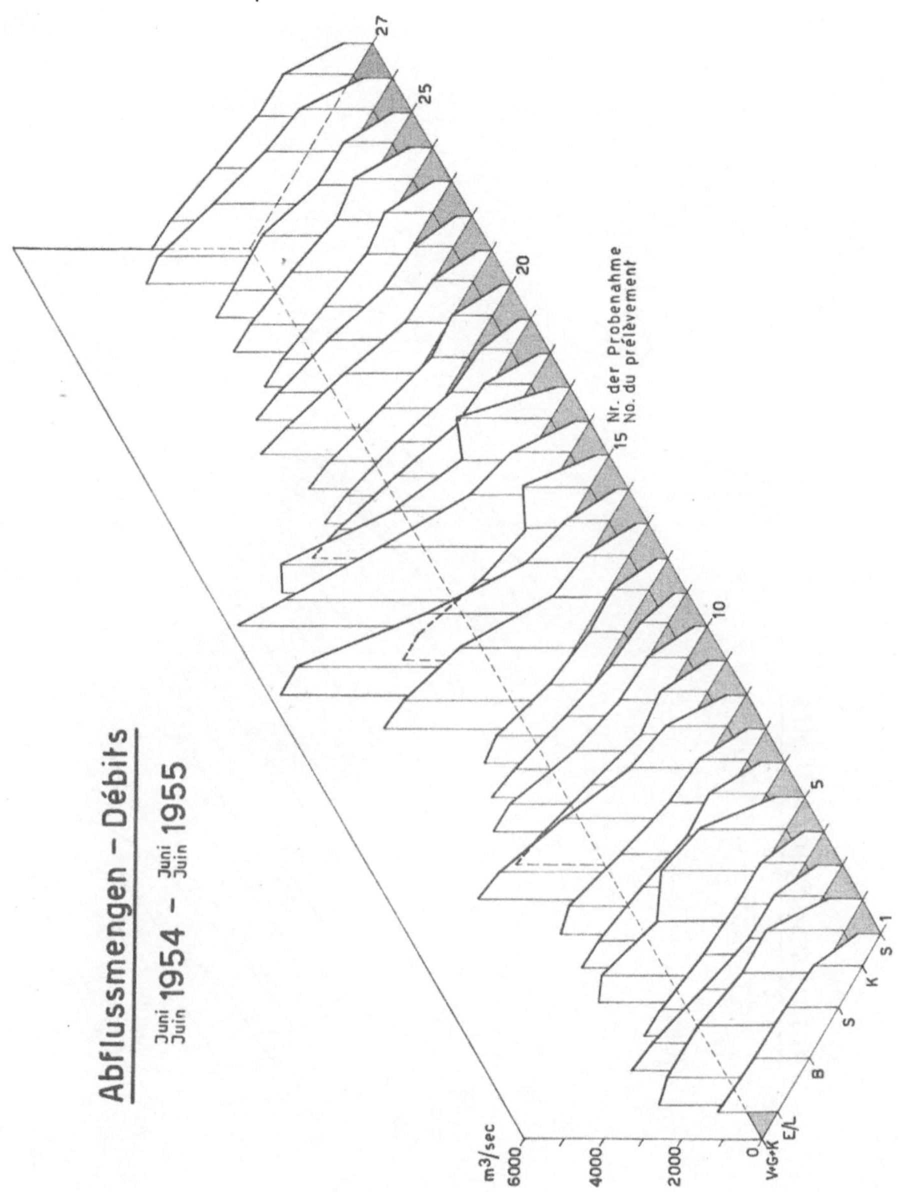

Fig. 2 c

Abflussmengen – Débits
Juni 1955 – Juni 1956
Juin   Juin
Nr. der Probenahme
No du prélèvement
m3/sec
7000
6000
4000
2000
0
V+G+K
E/L
B
S
K
S
1
5
10
15
20
26

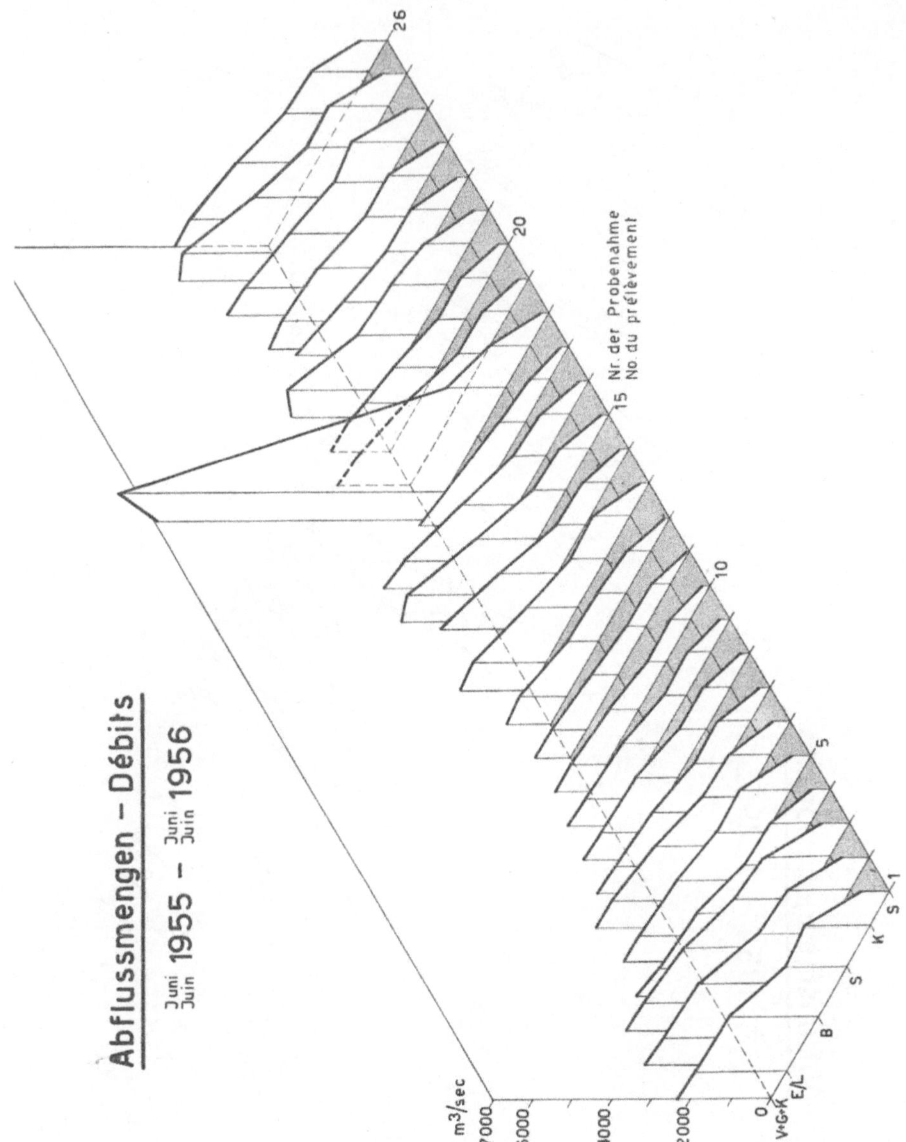

Fig. 2 d

m3/sec
800
700
600
500
400
300
200
100
0
Dauerlinien der Abflussmengen
Courbes des débits classés
RHEINKLINGEN [km 33]
1954/55
1945-1955
1955/56
1953/54
365
300
200
100
0
Überschreitungstage
Nombre de jours de dépassement des débits

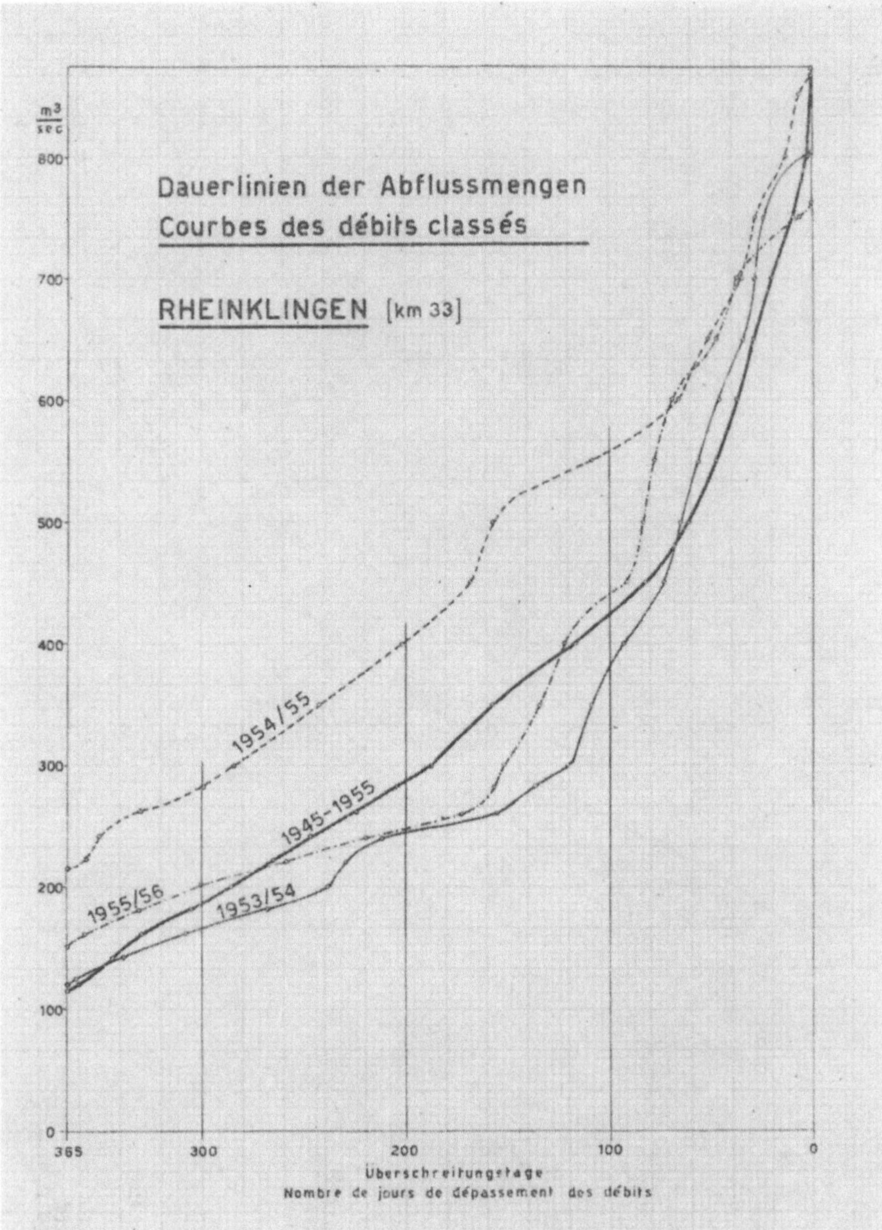

Fig. 2e

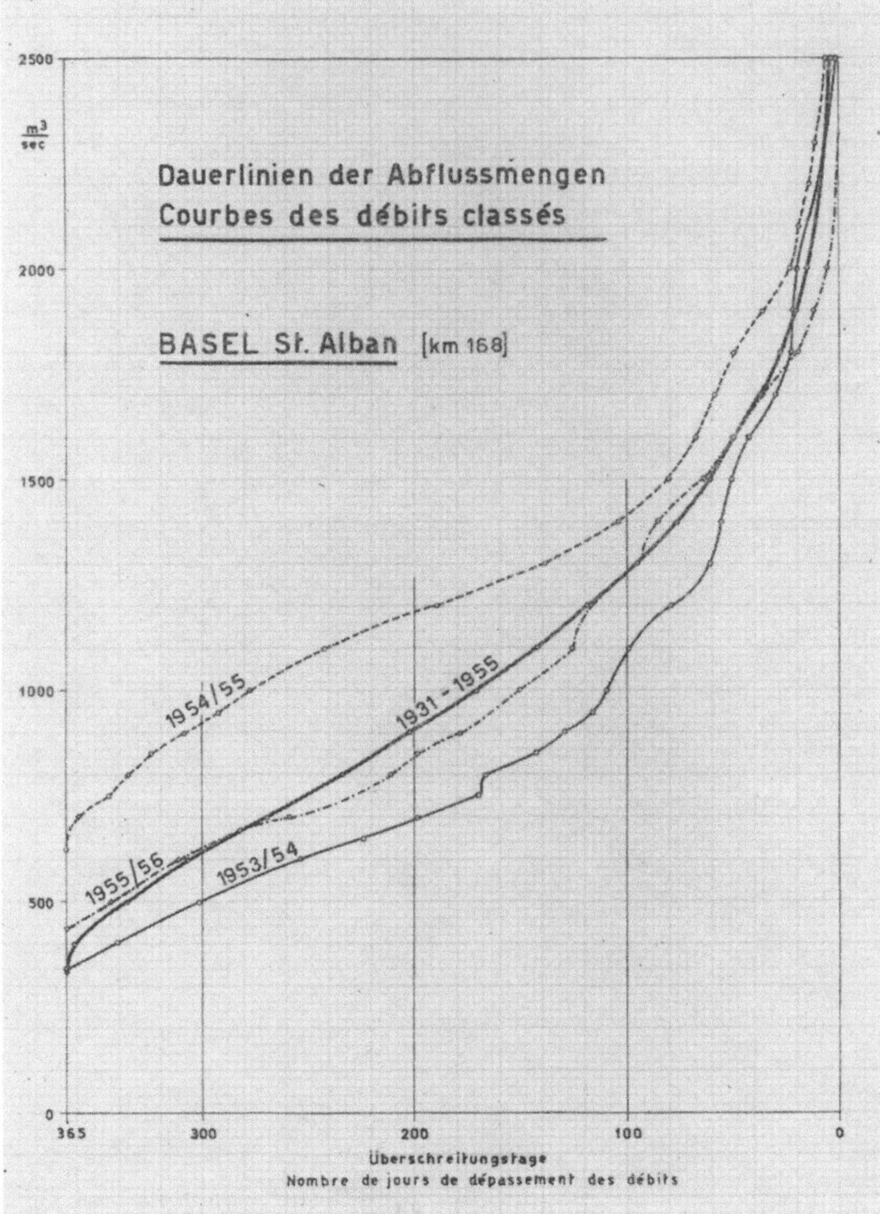

Fig. 2 f

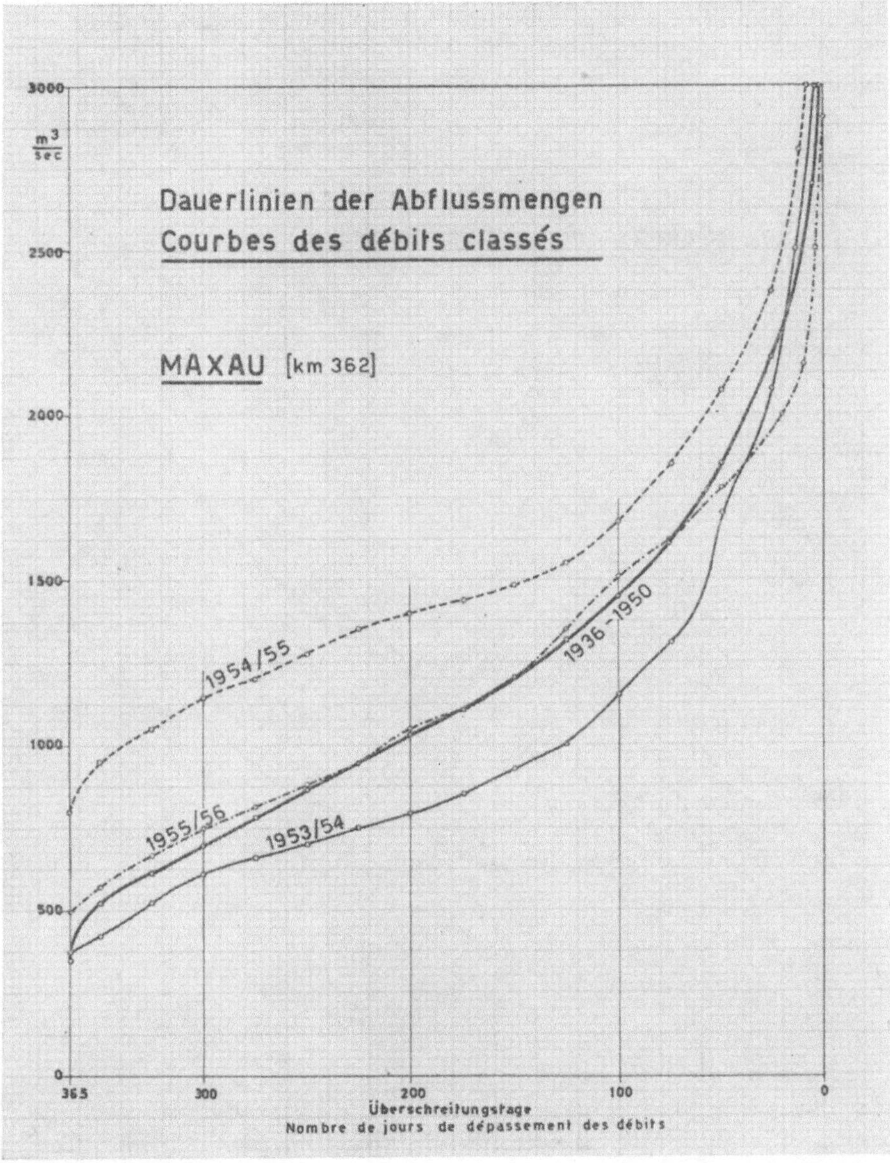

Fig. 2 g

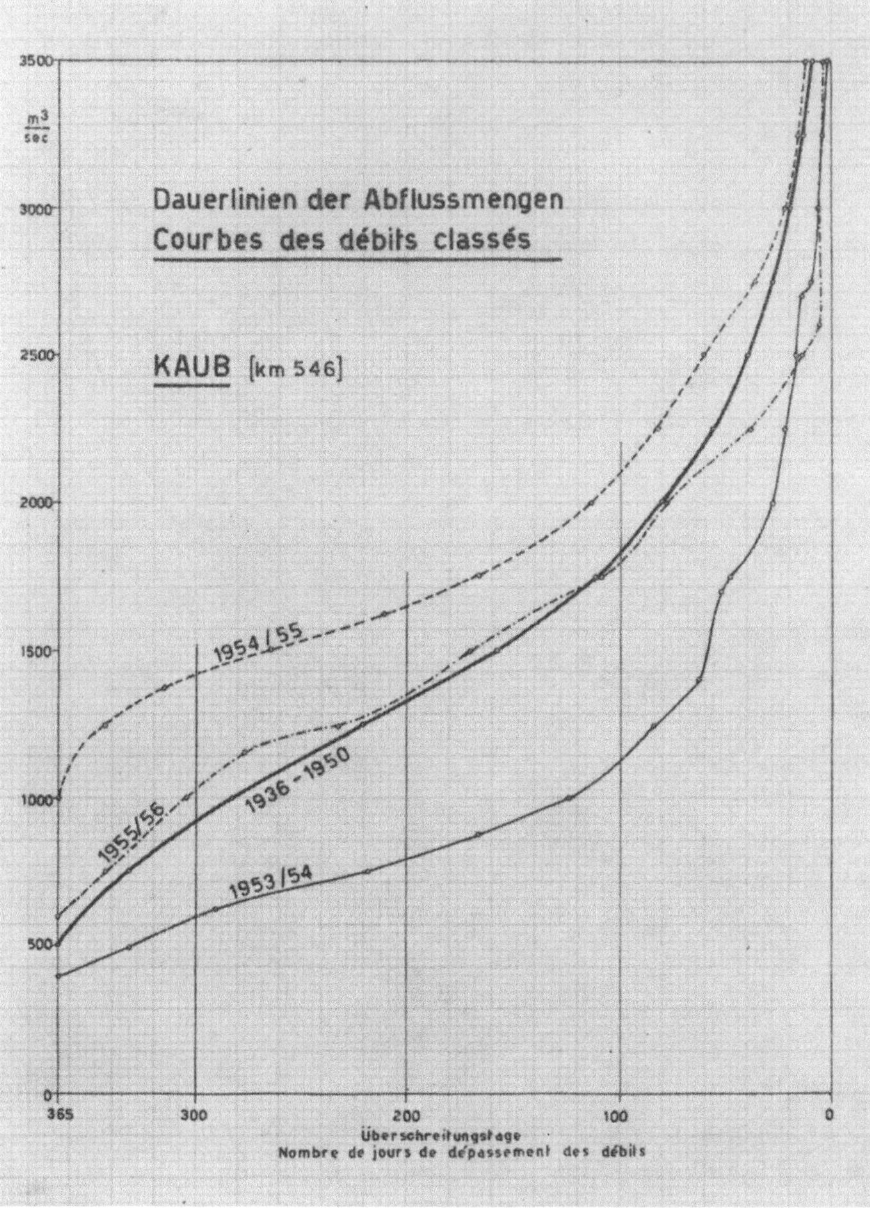

Fig. 2 h

m3/sec
Dauerlinien der Abflussmengen
Courbes des débits classés
REES [km 837]
7000
6000
5000
4000
3000
2000
1000
0
1954/55
1955/56
1936-1950
1953/54
365
300
200
100
0
Überschreitungstage
Nombre de jours de dépassement des débits

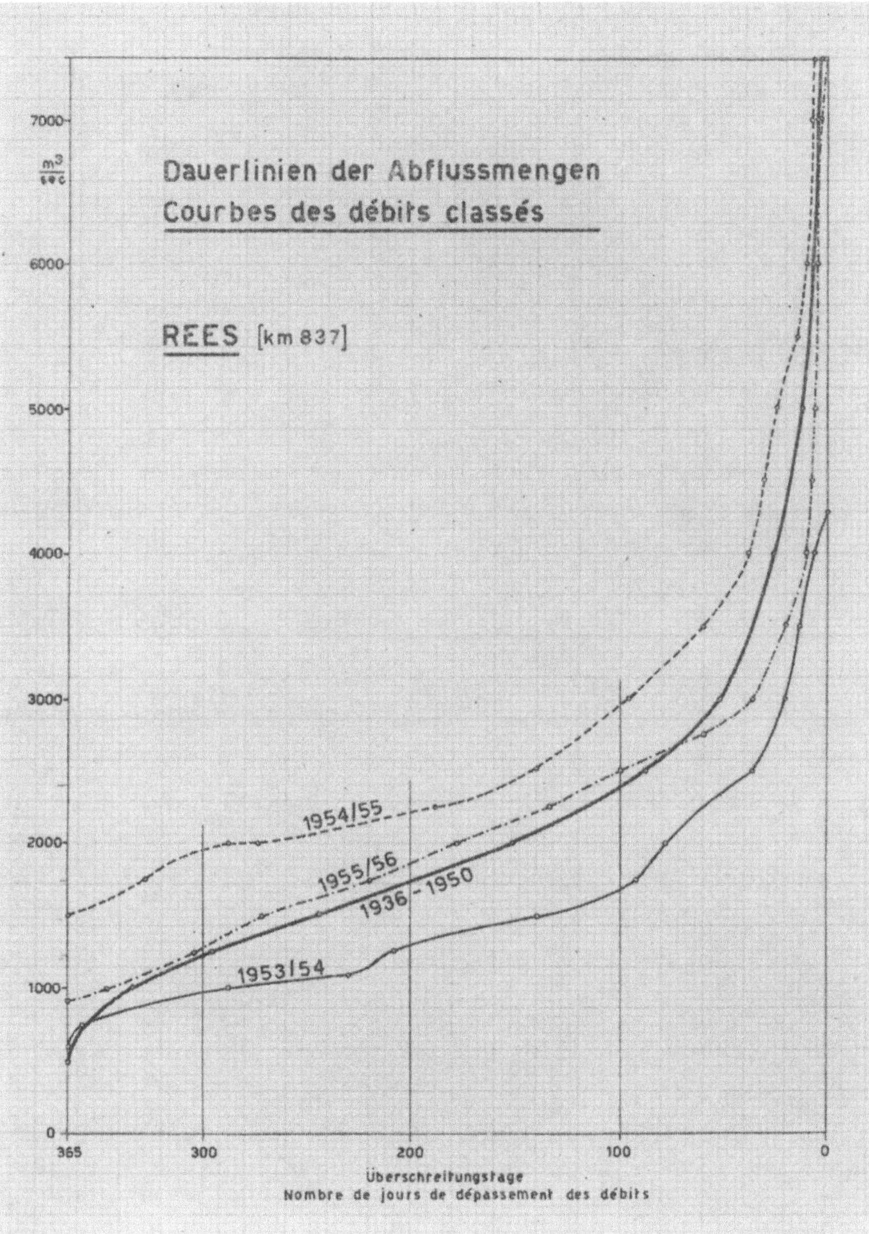

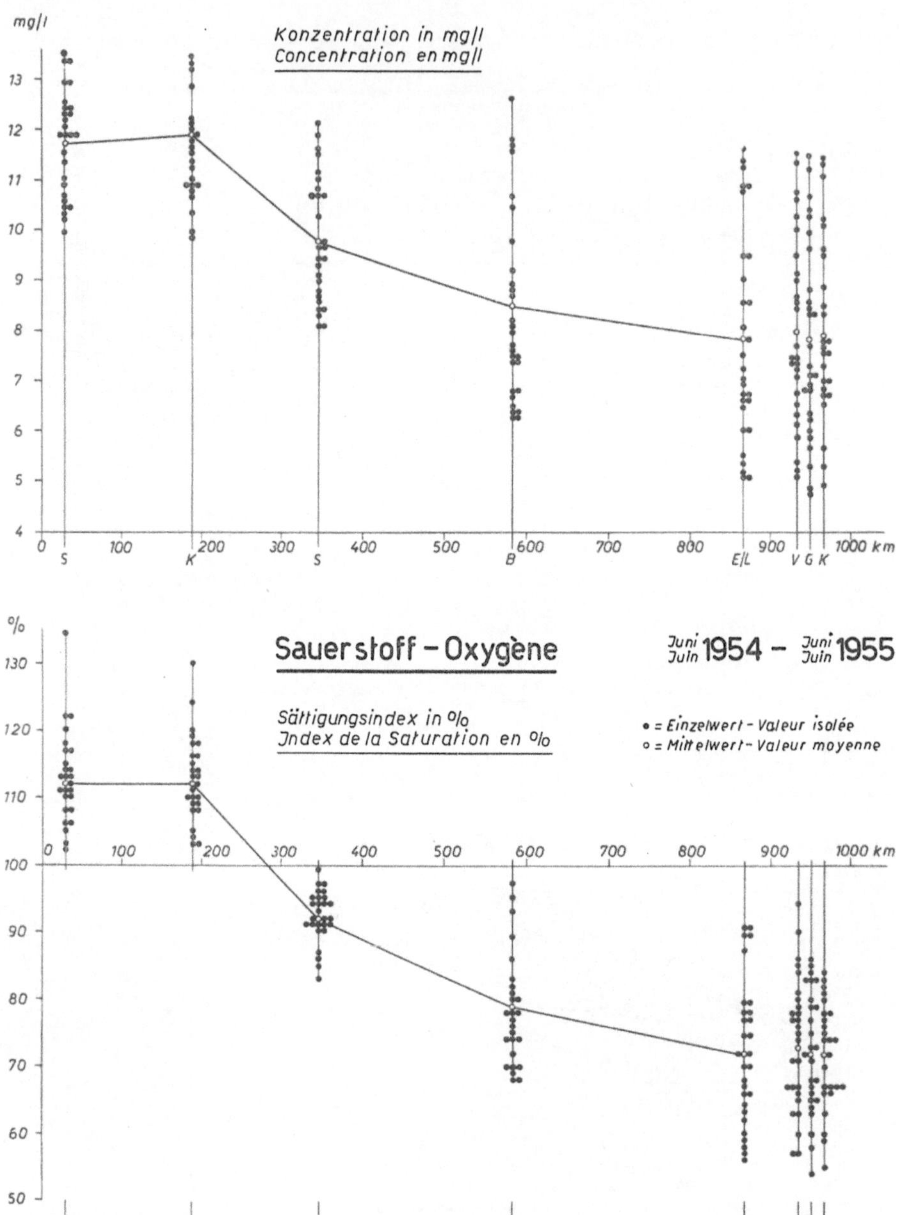

Fig. 3 a
mg/l
Konzentration in mg/l
Concentration en mg/l
13
12
11
10
9
8
7
6
5
4
0   100   200   300   400   500   600   700   800   900   1000 km
S   K   S   B   E/L   V G K
%
130
120
110
100
90
80
70
60
50
Sauerstoff – Oxygène
Juni 1954 – Juni 1955
Juin   Juin
Sättigungsindex in %
Index de la Saturation en %
• = Einzelwert – Valeur isolée
o = Mittelwert – Valeur moyenne
0   100   200   300   400   500   600   700   800   900   1000 km
S   K   S   B   E/L   V G K

Fig. 3 b

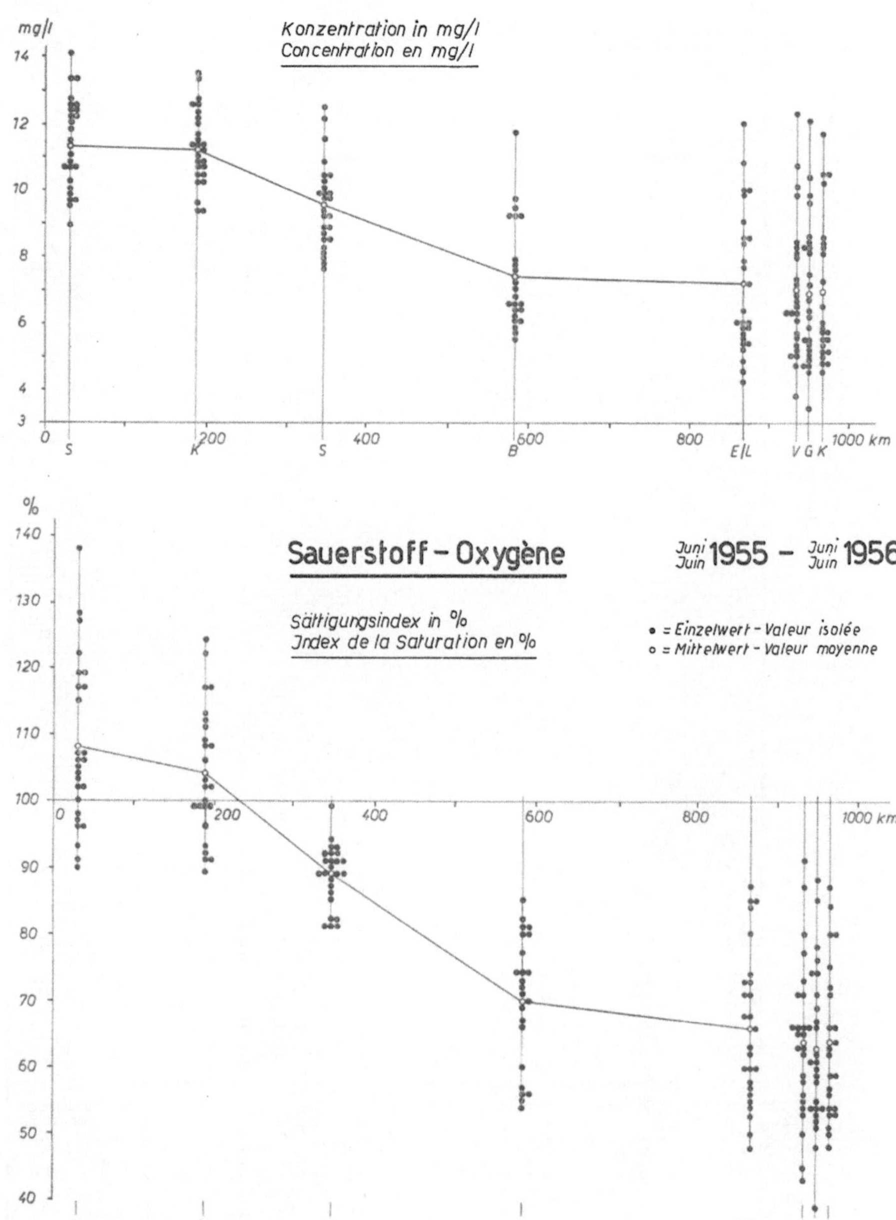
mg/l
Konzentration in mg/l
Concentration en mg/l
km
S   K   S   B   E/L   V G K
%
Sauerstoff – Oxygène
Sättigungsindex in %
Index de la Saturation en %
Juni 1955 – Juni 1956
Juin   Juin
• = Einzelwert – Valeur isolée
o = Mittelwert – Valeur moyenne
km
S   K   S   B   E/L   V G K

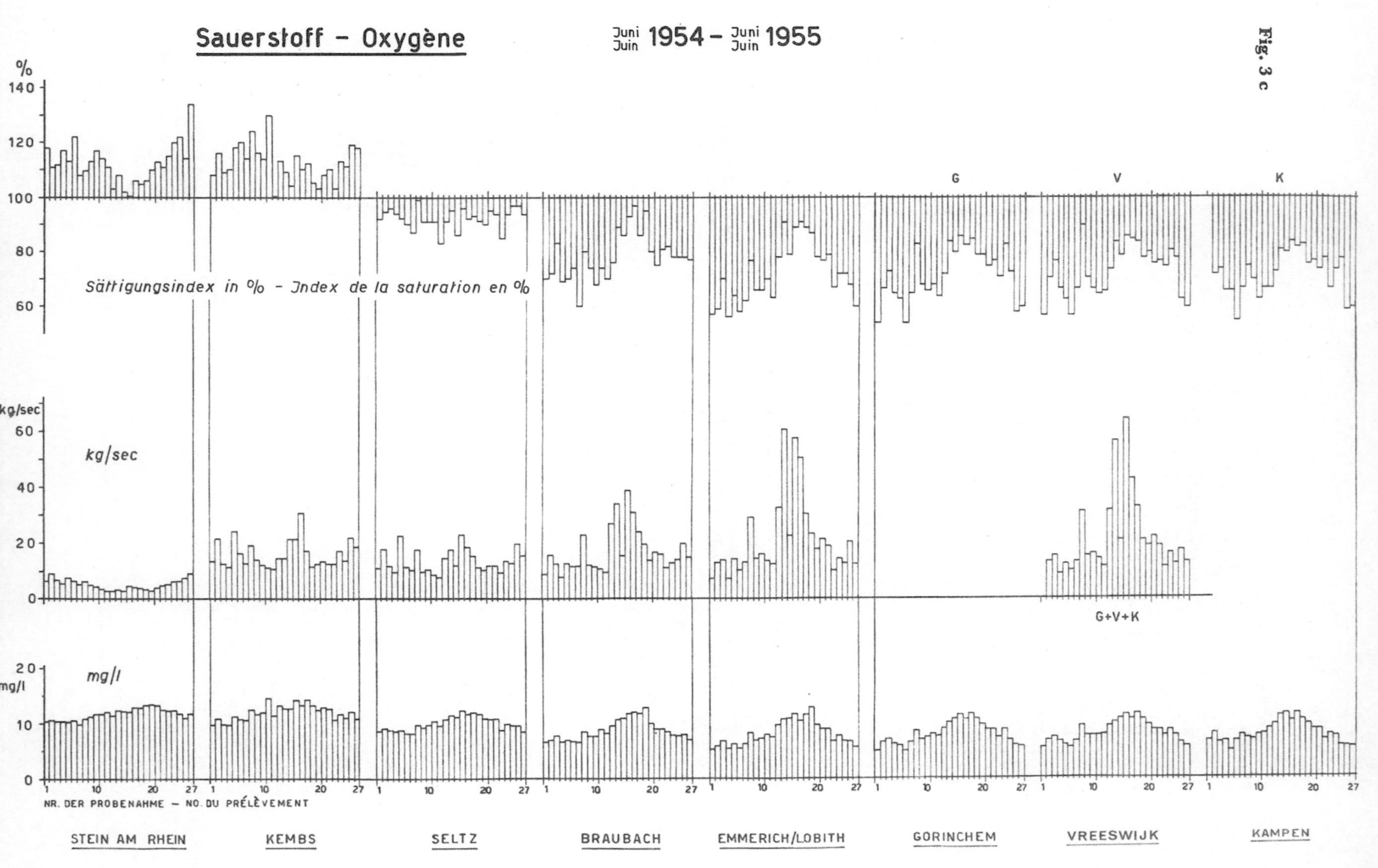

Sauerstoff – Oxygène
Juni   Juni
Juin 1954 – Juin 1955
Fig. 3 c
%
140
120
100
80
60
G
V
K
Sättigungsindex in % – Index de la saturation en %
kg/sec
60
40
20
0
kg/sec
G+V+K
20
mg/l
10
0
mg/l
1   10   20   27
NR. DER PROBENAHME – NO. DU PRÉLÈVEMENT
STEIN AM RHEIN
KEMBS
SELTZ
BRAUBACH
EMMERICH/LOBITH
GORINCHEM
VREESWIJK
KAMPEN

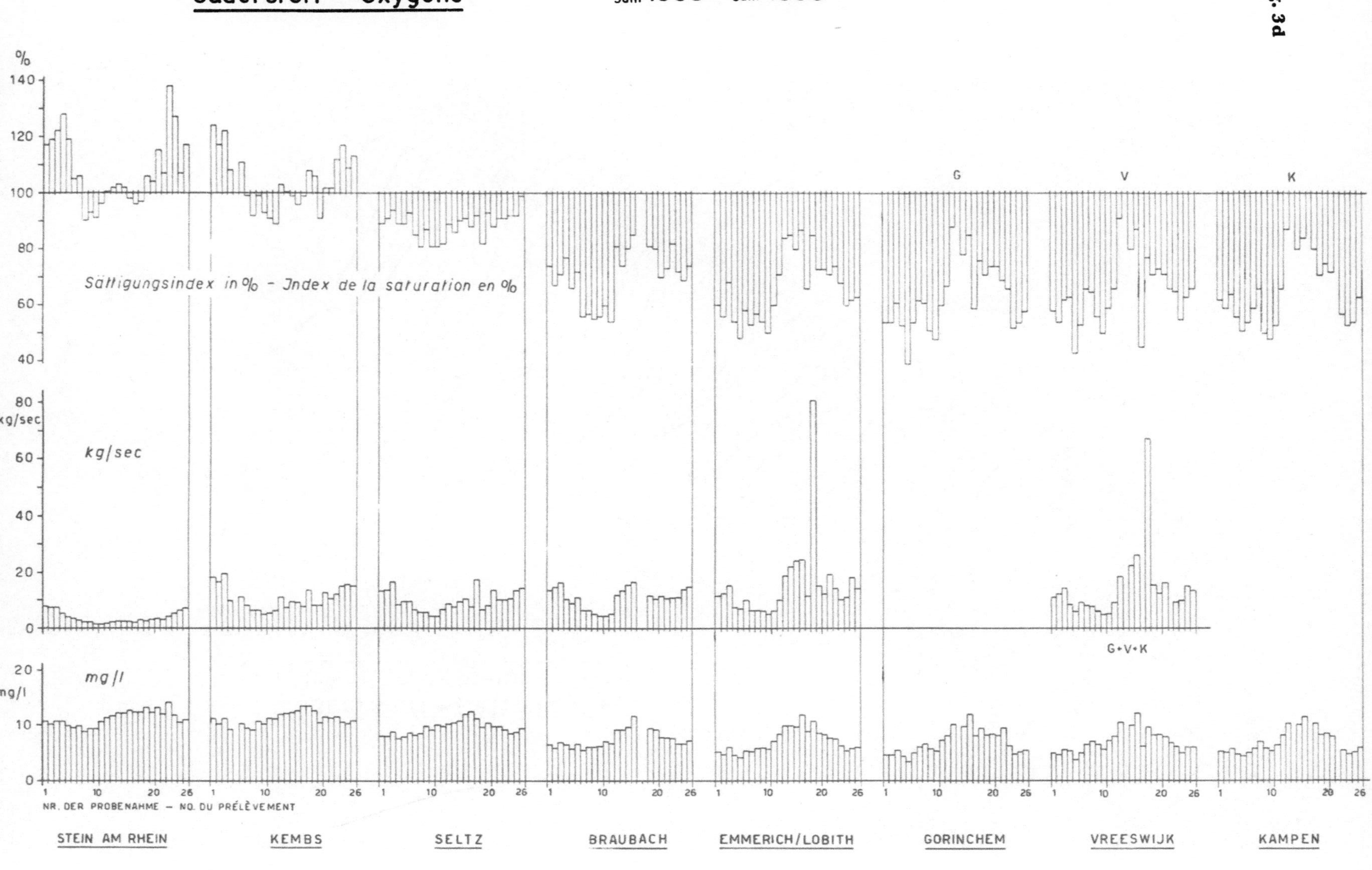

Sauerstoff – Oxygène
Juni 1955 – Juni 1956
Juin – Juin
Fig. 3d
%
140
120
100
80
60
40
Sättigungsindex in % – Index de la saturation en %
G
V
K
80 kg/sec
kg/sec
60
40
20
0
G+V+K
20 mg/l
mg/l
10
0
NR. DER PROBENAHME – NO. DU PRÉLÈVEMENT
1 10 20 26
STEIN AM RHEIN
KEMBS
SELTZ
BRAUBACH
EMMERICH/LOBITH
GORINCHEM
VREESWIJK
KAMPEN

Fig. 3 e

Sauerstoff – Defizit in %
Déficit en oxygène en %
Juni 1954 – Juni 1955
Juin 1954 – Juin 1955
Nr. der Probenahme
No. du prélèvement
%
50
40
30
20
10
0
G
E/L
B
S
K
S
1
5
10
15
20
25
27

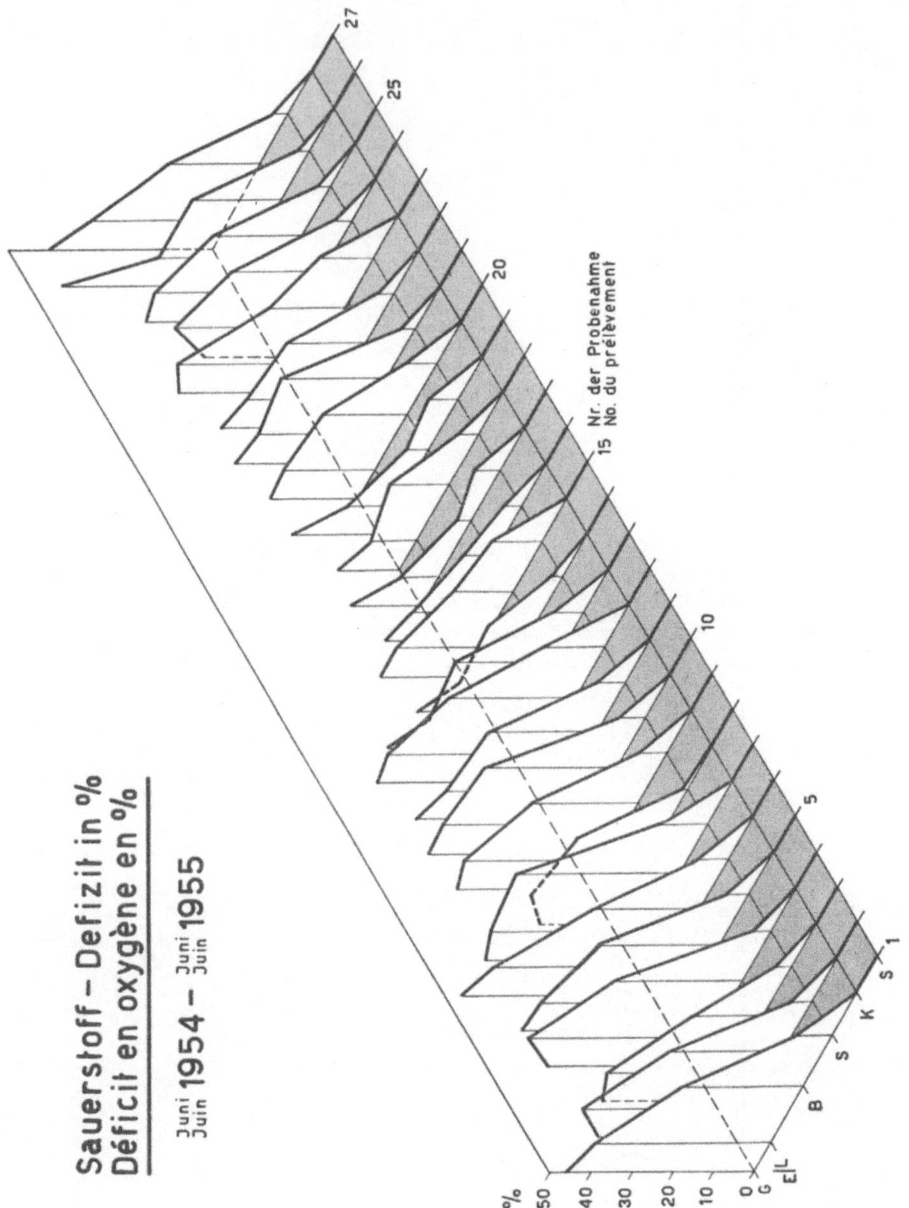

Fig. 3 f

Sauerstoff – Defizit in %
Déficit en oxygène en %
Juni 1955 – Juni 1956
Nr. der Probenahme
No. du prélèvement
26
20
15
10
5
1
%
60
40
20
0
G
E|L
B
S
K
S

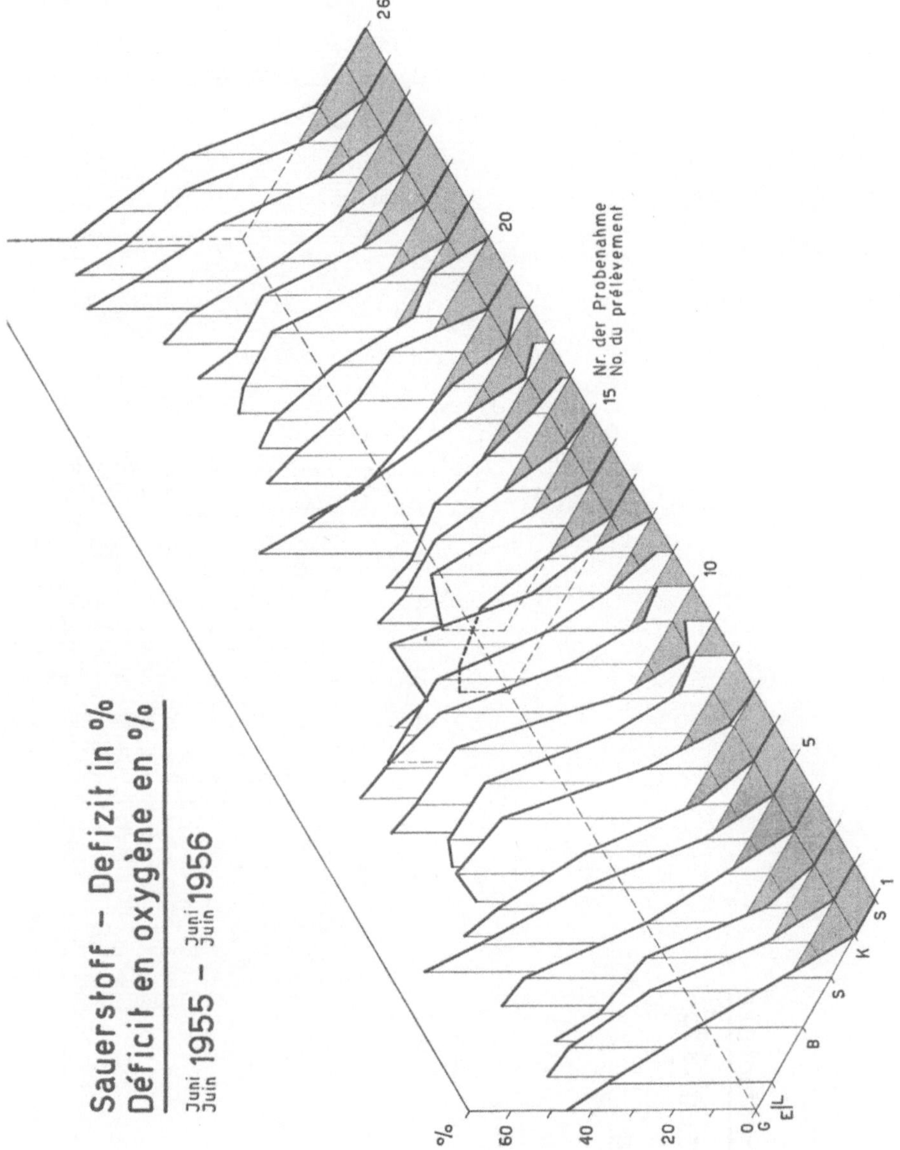

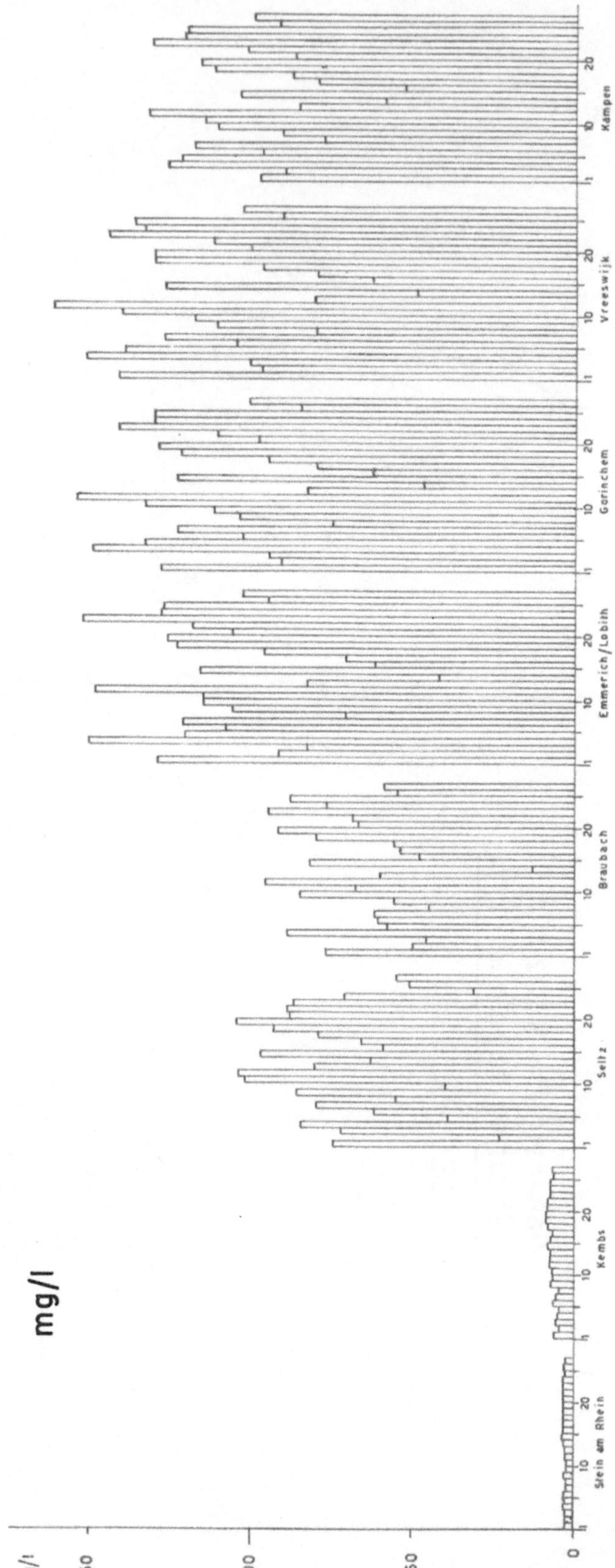

Fig. 4 a

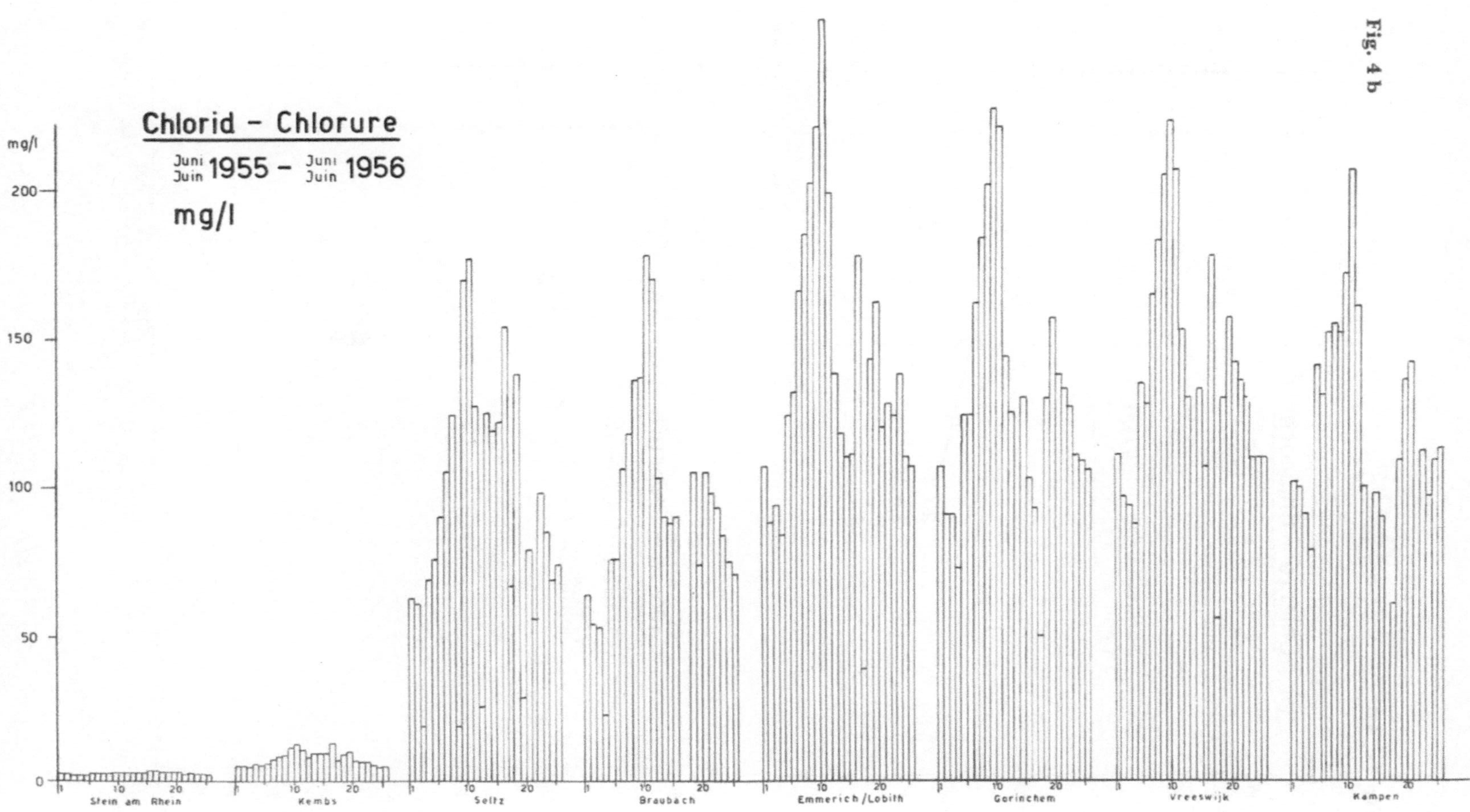

Fig. 4 b
Chlorid – Chlorure
Juni 1955 – Juni 1956
Juin   Juin
mg/l
mg/l
200
150
100
50
0
Stein am Rhein
Kembs
Seltz
Braubach
Emmerich/Lobith
Gorinchem
Vreeswijk
Kampen

Fig. 4 c, 4 d

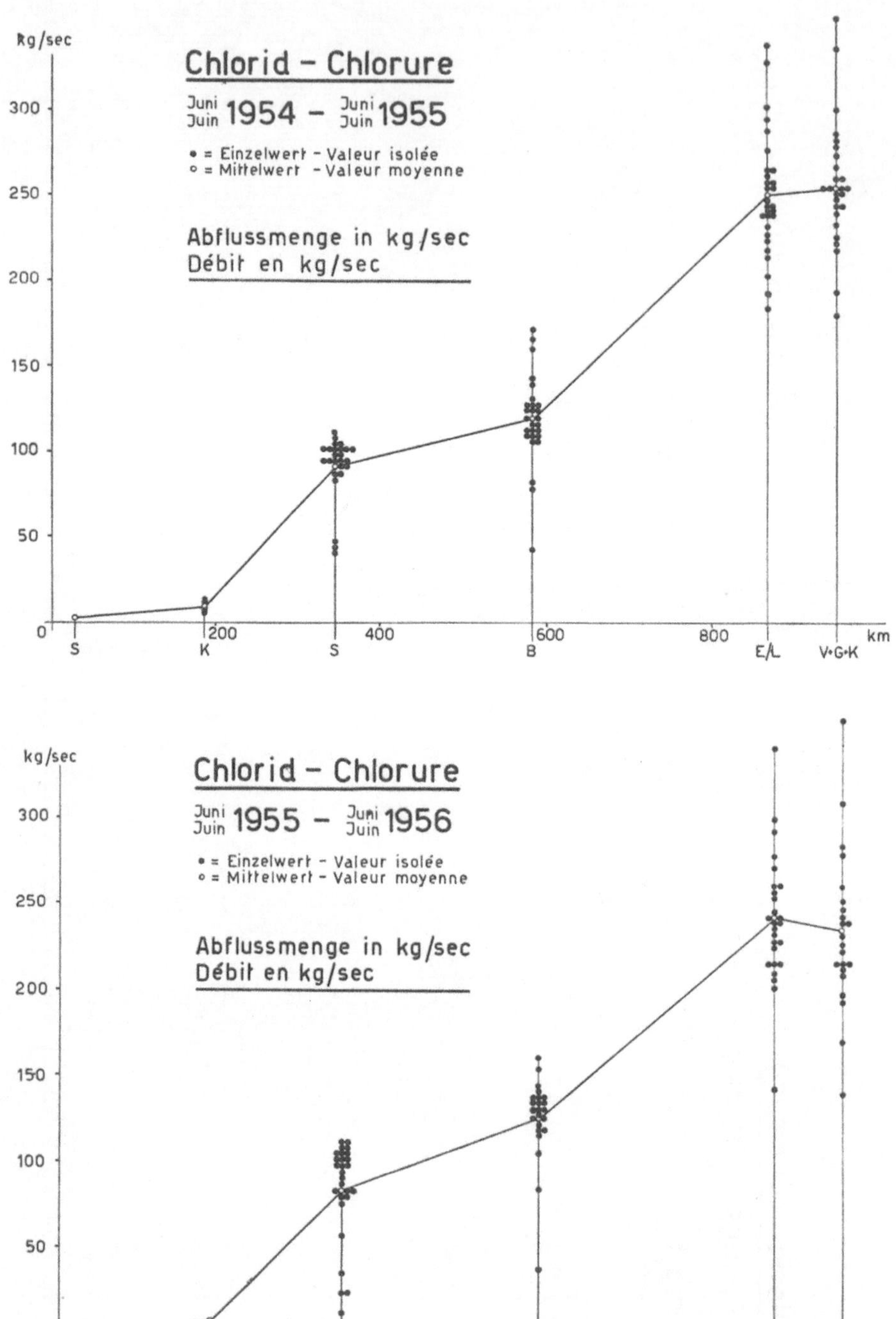

kg/sec
Chlorid – Chlorure
Juni 1954 – Juni 1955
Juin   Juin
• = Einzelwert – Valeur isolée
o = Mittelwert – Valeur moyenne
Abflussmenge in kg/sec
Débit en kg/sec
300
250
200
150
100
50
0
S   K   S   B   E/L   V•G•K   km
200   400   600   800

kg/sec
Chlorid – Chlorure
Juni 1955 – Juni 1956
Juin   Juin
• = Einzelwert – Valeur isolée
o = Mittelwert – Valeur moyenne
Abflussmenge in kg/sec
Débit en kg/sec
300
250
200
150
100
50
0
S   K   S   B   E/L   V•G•K   km
200   400   600   800

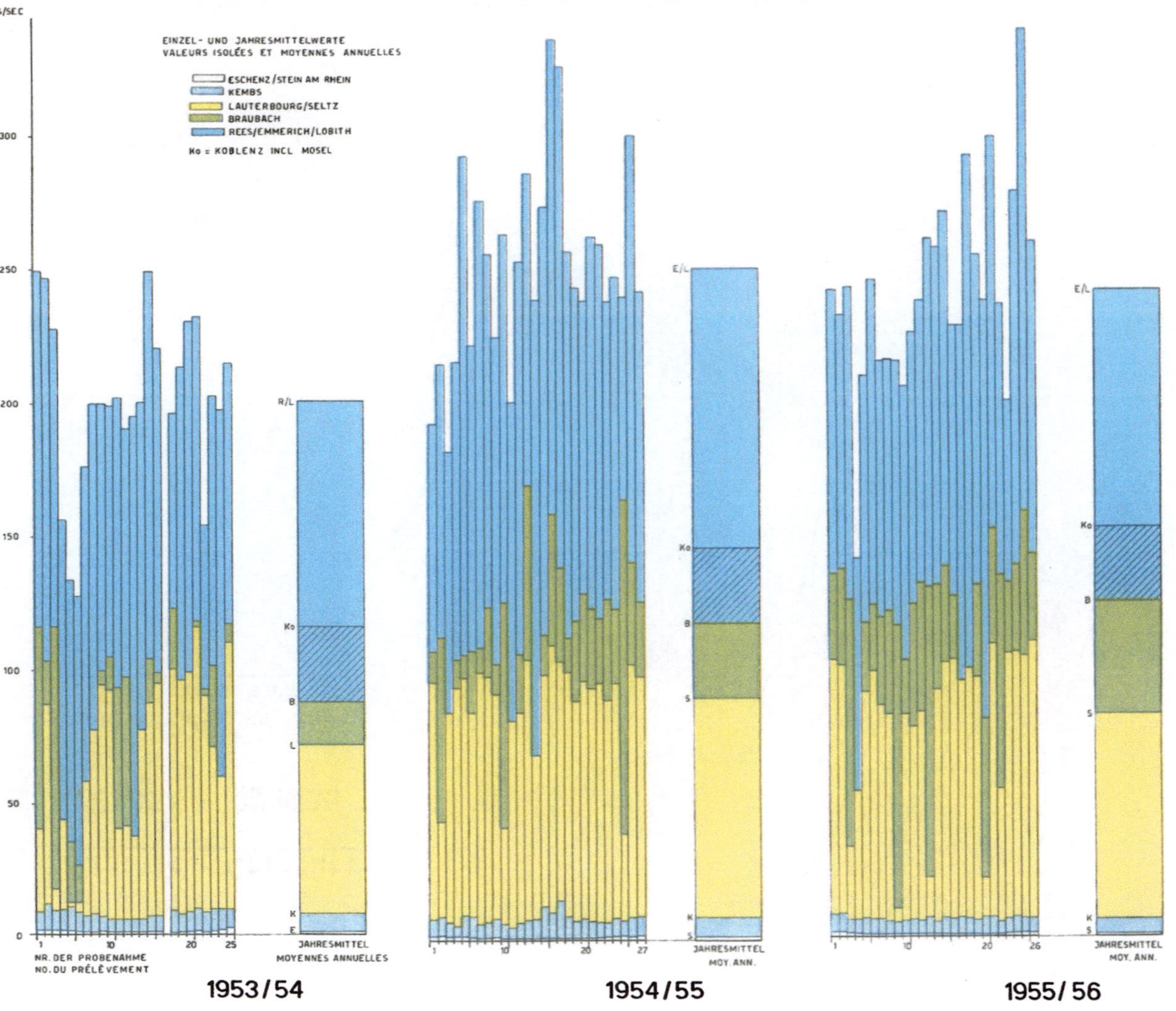
Chlorid – Chlorure / Abflussmenge in kg/sec – Débit en kg/sec
Fig. 4 e
KG/SEC
EINZEL- UND JAHRESMITTELWERTE
VALEURS ISOLÉES ET MOYENNES ANNUELLES
ESCHENZ/STEIN AM RHEIN
KEMBS
LAUTERBOURG/SELTZ
BRAUBACH
REES/EMMERICH/LOBITH
Ko = KOBLENZ INCL MOSEL
300
250
200
150
100
50
0
NR. DER PROBENAHME
NO. DU PRÉLÈVEMENT
JAHRESMITTEL
MOYENNES ANNUELLES
1953/54
JAHRESMITTEL
MOY. ANN.
1954/55
JAHRESMITTEL
MOY. ANN.
1955/56

Fig. 4 f

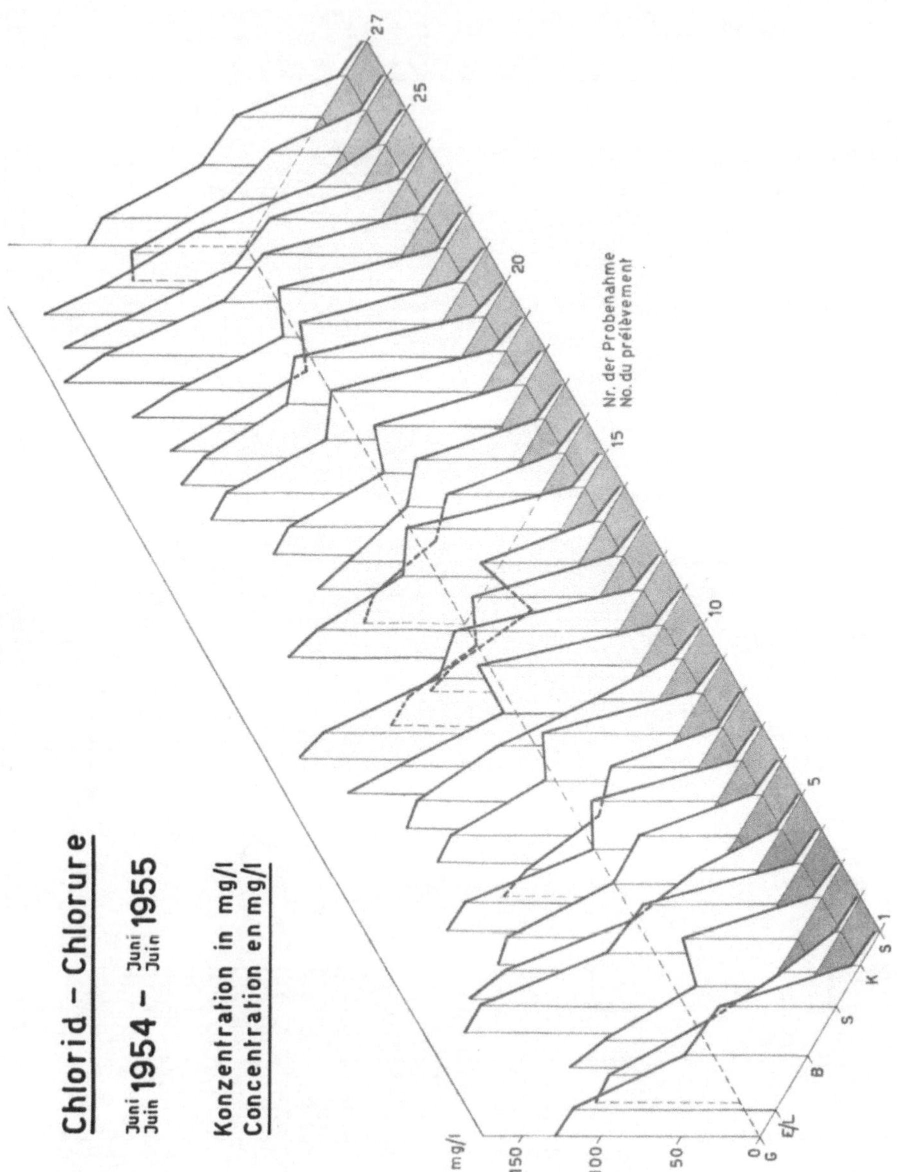
Chlorid – Chlorure
Juni 1954 – Juni 1955
Juin 1954 – Juin 1955
Konzentration in mg/l
Concentration en mg/l
mg/l
150
100
50
0
G
E/L
B
S
K
S
1
5
10
15
20
25
27
Nr. der Probenahme
No. du prélèvement

Fig. 4 g

Chlorid – Chlorure
Juni 1955 – Juni 1956
Konzentration in mg/l
Concentration in mg/l
mg/l
300
200
100
0
Nr. der Probenahme
No. du prélèvement
1
5
10
15
20
26
G
E|L
B
S
K
S

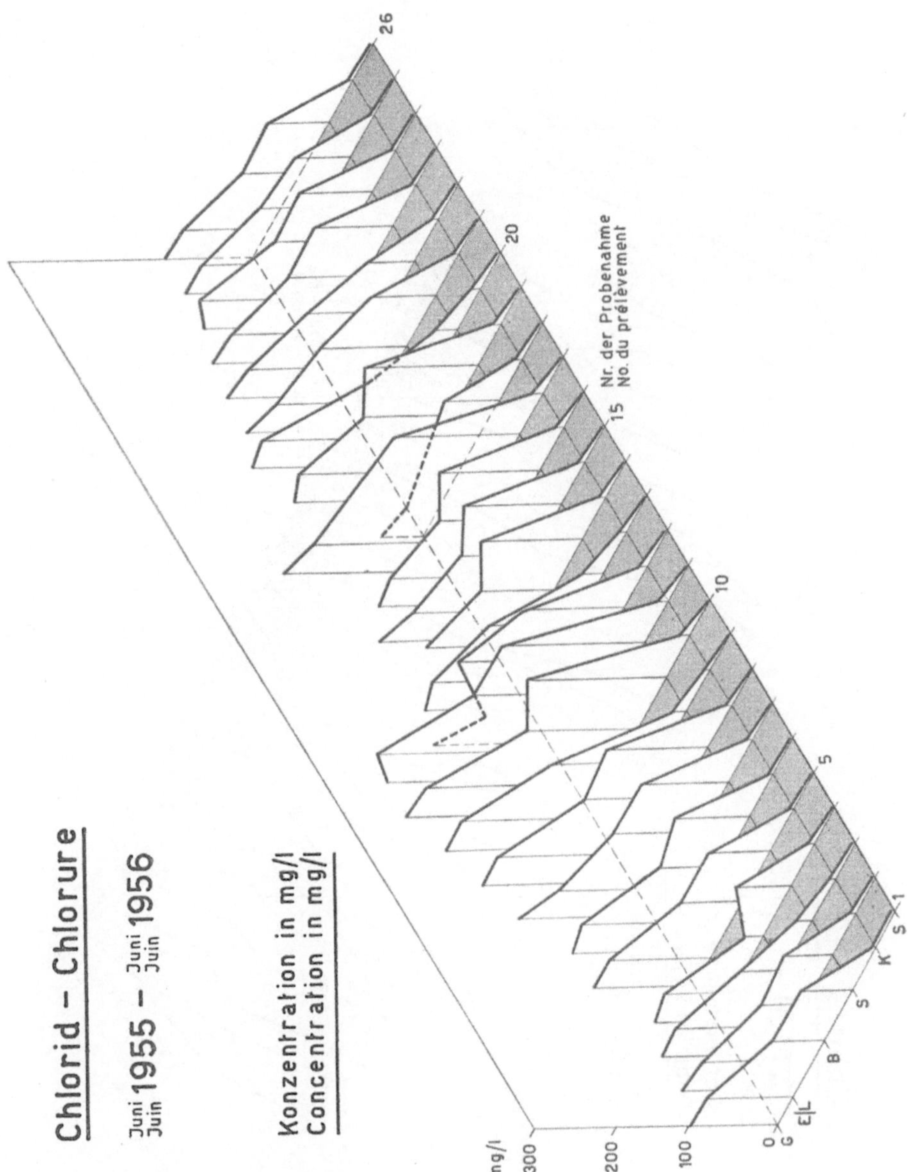

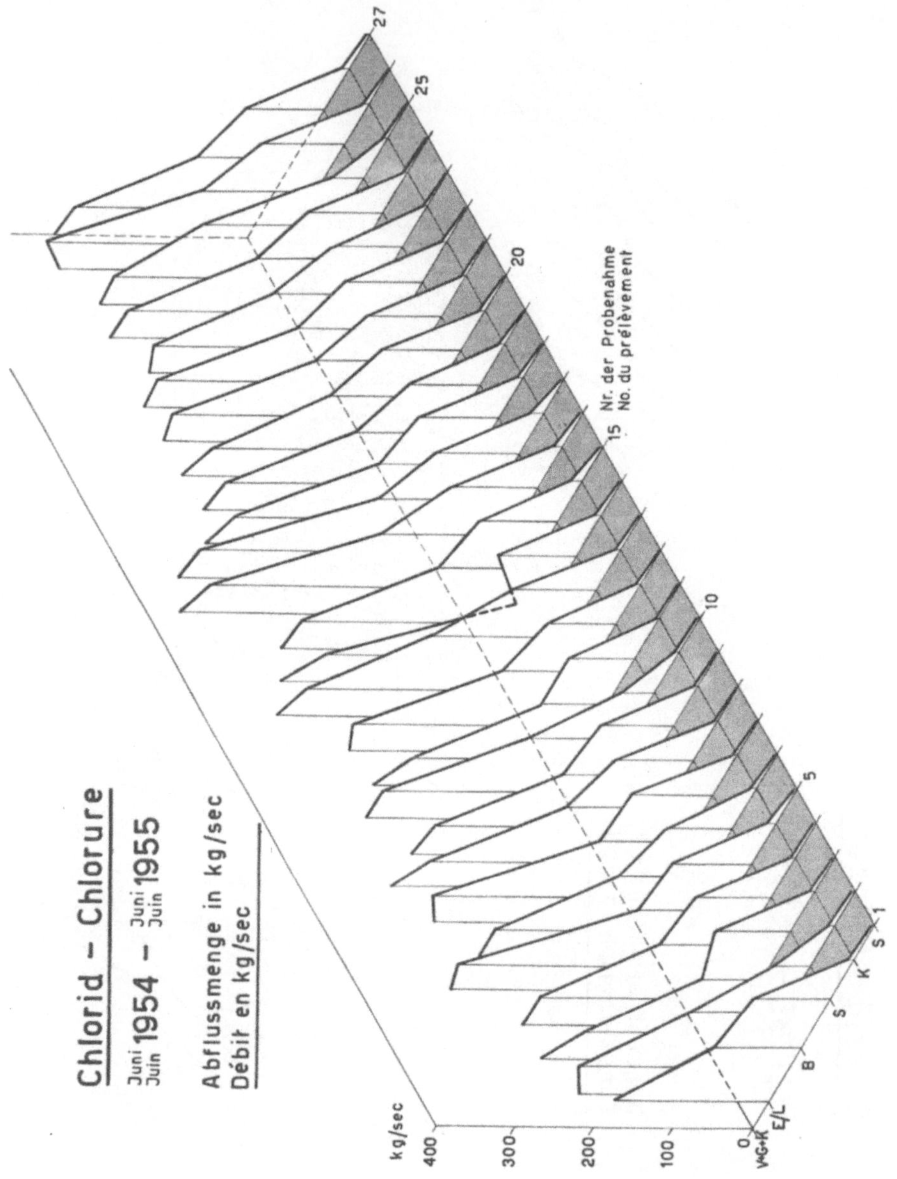
Chlorid – Chlorure
Juni 1954 – Juni 1955
Juin 1954 – Juin 1955
Abflussmenge in kg/sec
Débit en kg/sec
kg/sec
400
300
200
100
0
VAG+K
E/L
B
S
K
S
1
5
10
15
20
25
27
Nr. der Probenahme
No. du prélèvement

Fig. 4 i

Chlorid – Chlorure
Juni 1955 – Juni 1956
Juin 1955 – Juin 1956
Abflussmenge in kg/sec
Débit en kg/sec
kg/sec
400
300
200
100
0
Nr. der Probenahme
No. du prélèvement
1
5
10
15
20
26
V GK
E/L
B
S
K
S

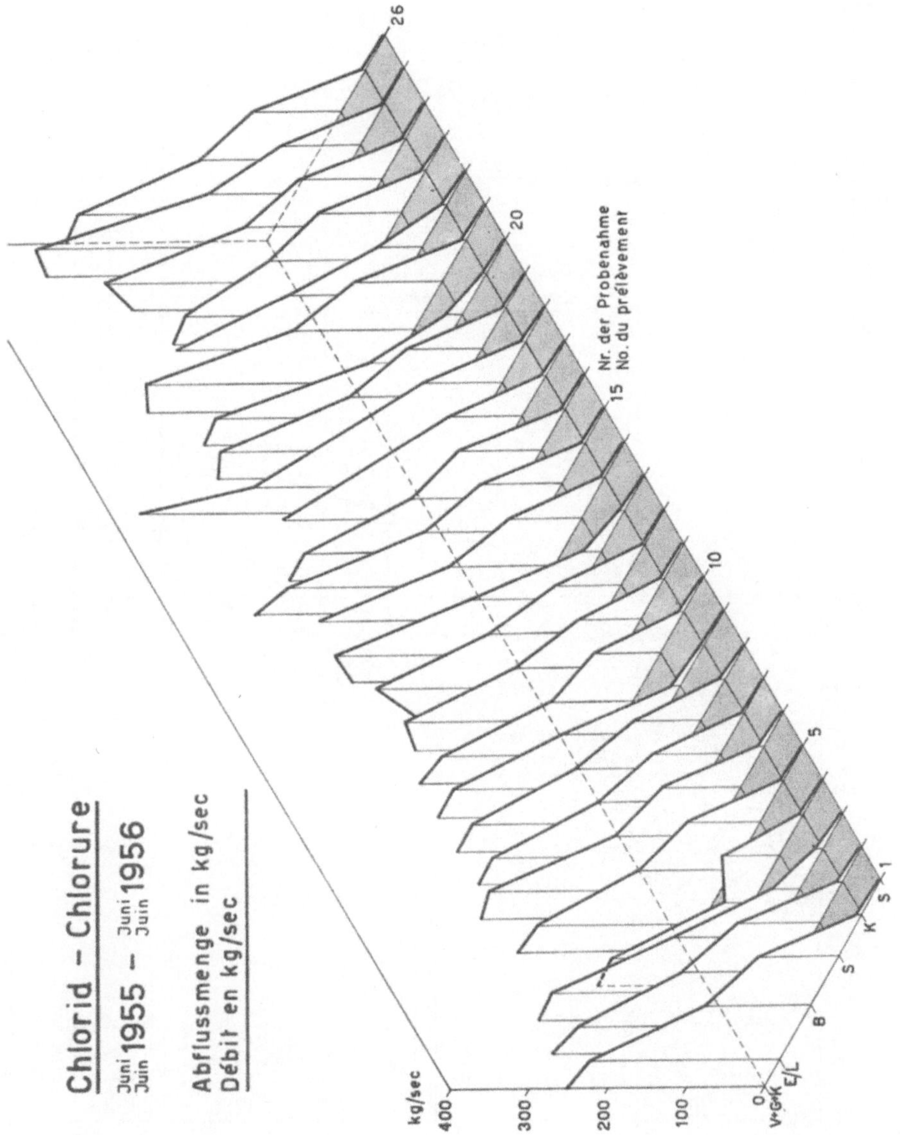

Fig. 5 a

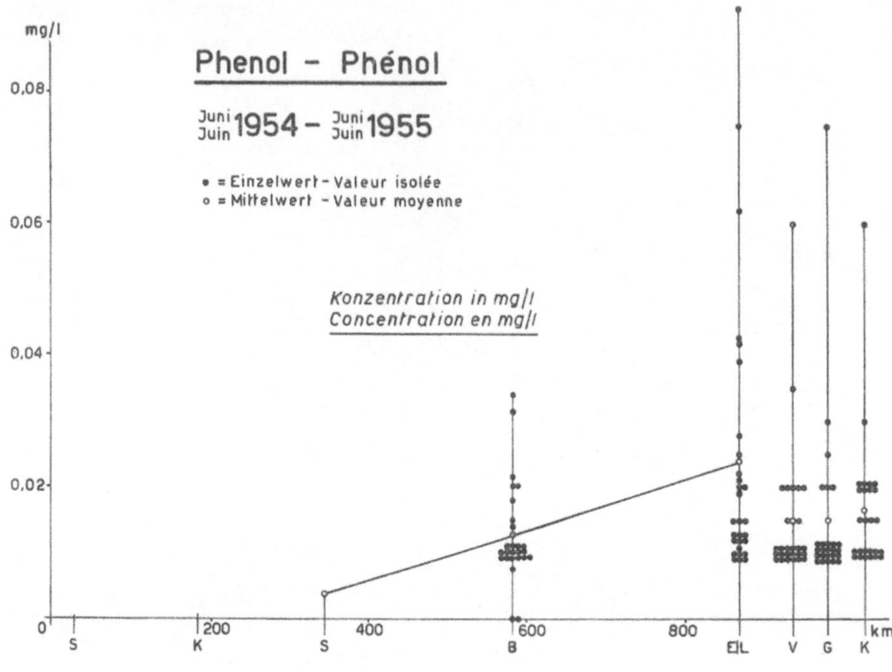
mg/l
0,08
0,06
0,04
0,02
0
Phenol – Phénol
Juni 1954 – Juni 1955
Juin   Juin
• = Einzelwert - Valeur isolée
o = Mittelwert - Valeur moyenne
Konzentration in mg/l
Concentration en mg/l
0   200   400   600   800   km
S   K   S   B   E/L   V   G   K

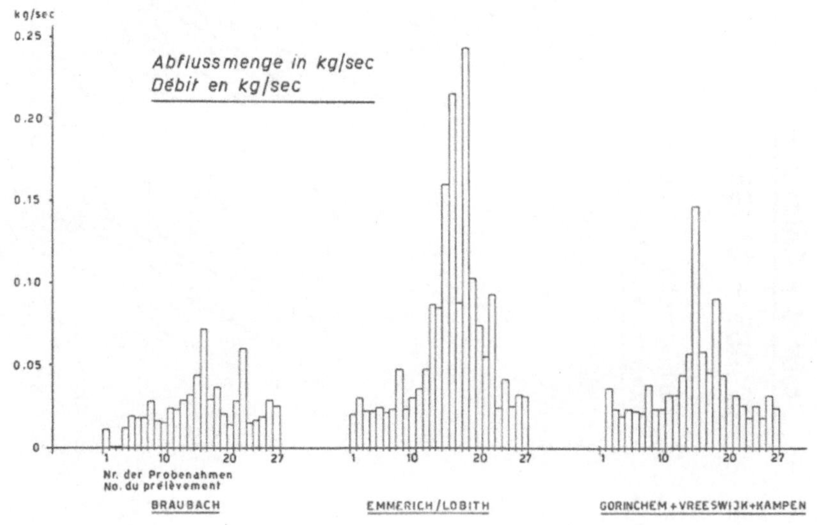
kg/sec
0.25
0.20
0.15
0.10
0.05
0
Abflussmenge in kg/sec
Débit en kg/sec
1   10   20   27
Nr. der Probenahmen
No. du prélèvement
BRAUBACH
EMMERICH/LOBITH
GORINCHEM + VREESWIJK + KAMPEN

Fig. 5 b

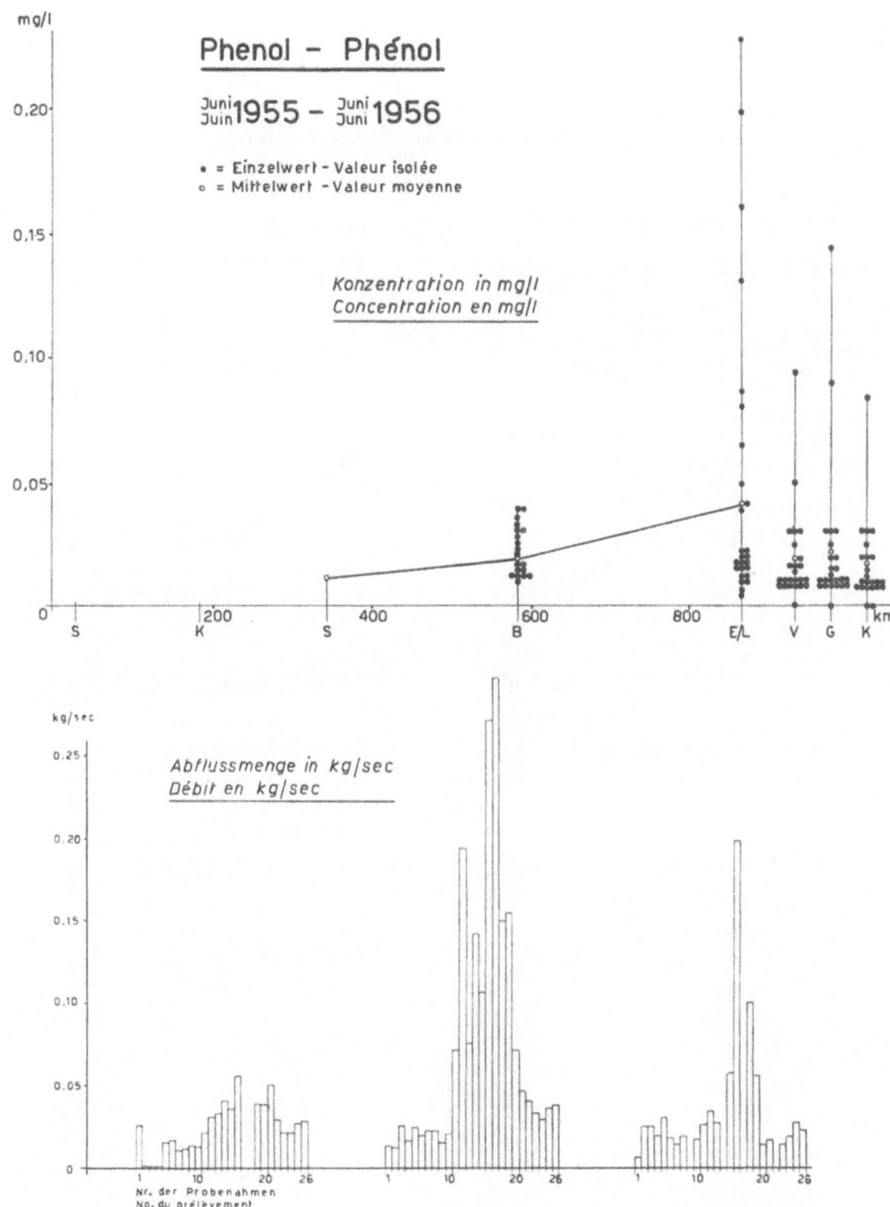
mg/l
Phenol – Phénol
Juni Juin 1955 – Juni Juin 1956
• = Einzelwert – Valeur isolée
○ = Mittelwert – Valeur moyenne
Konzentration in mg/l
Concentration en mg/l
0,20
0,15
0,10
0,05
0
S   K   200   S   400   B   600   800   E/L   V   G   K   km
kg/sec
Abflussmenge in kg/sec
Débit en kg/sec
0.25
0.20
0.15
0.10
0.05
0
1   10   20   26
Nr. der Probenahmen
No. du prélèvement
BRAUBACH
EMMERICH/LOBITH
GORINCHEM+VREESWIJK+KAMPEN

Fig. 6

Dauerlinien für Chloridgehalt
Courbes des concentrations en chlorures classées
mg/l
Eschenz/Stein am Rhein
20
0
100
200
300
365
mg/l
Kembs
20
0
100
200
300
365 Tage
mg/l
Lauterbourg / Seltz
200
100
0
100
200
300
365
mg/l
Braubach
200
100
0
100
200
300
365 Tage
Emmerich/Lobith
250
200
100
0
100
200
300
365 Tage
Tage: Überschreitungstage-
Nombre de jours de
dépassement des
concentrations
1953/54
1954/55
1955/56

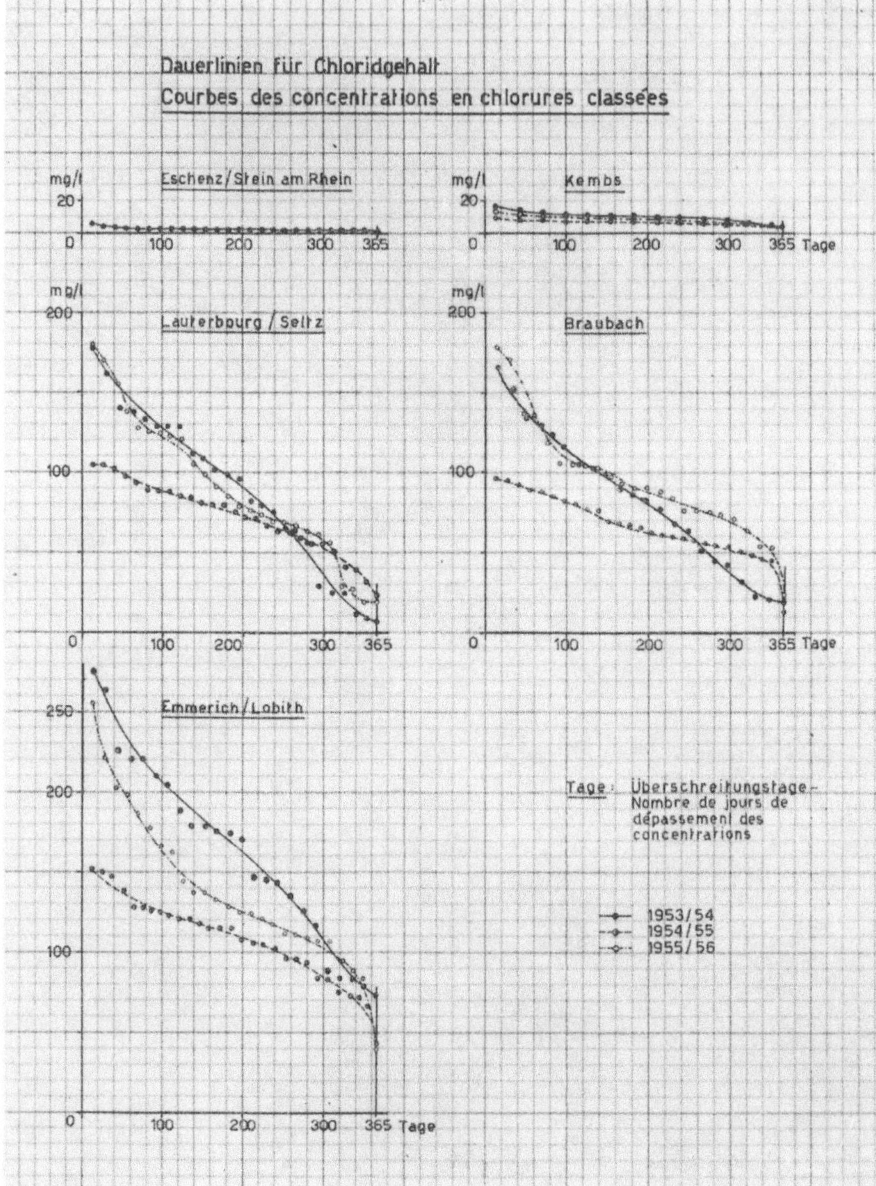

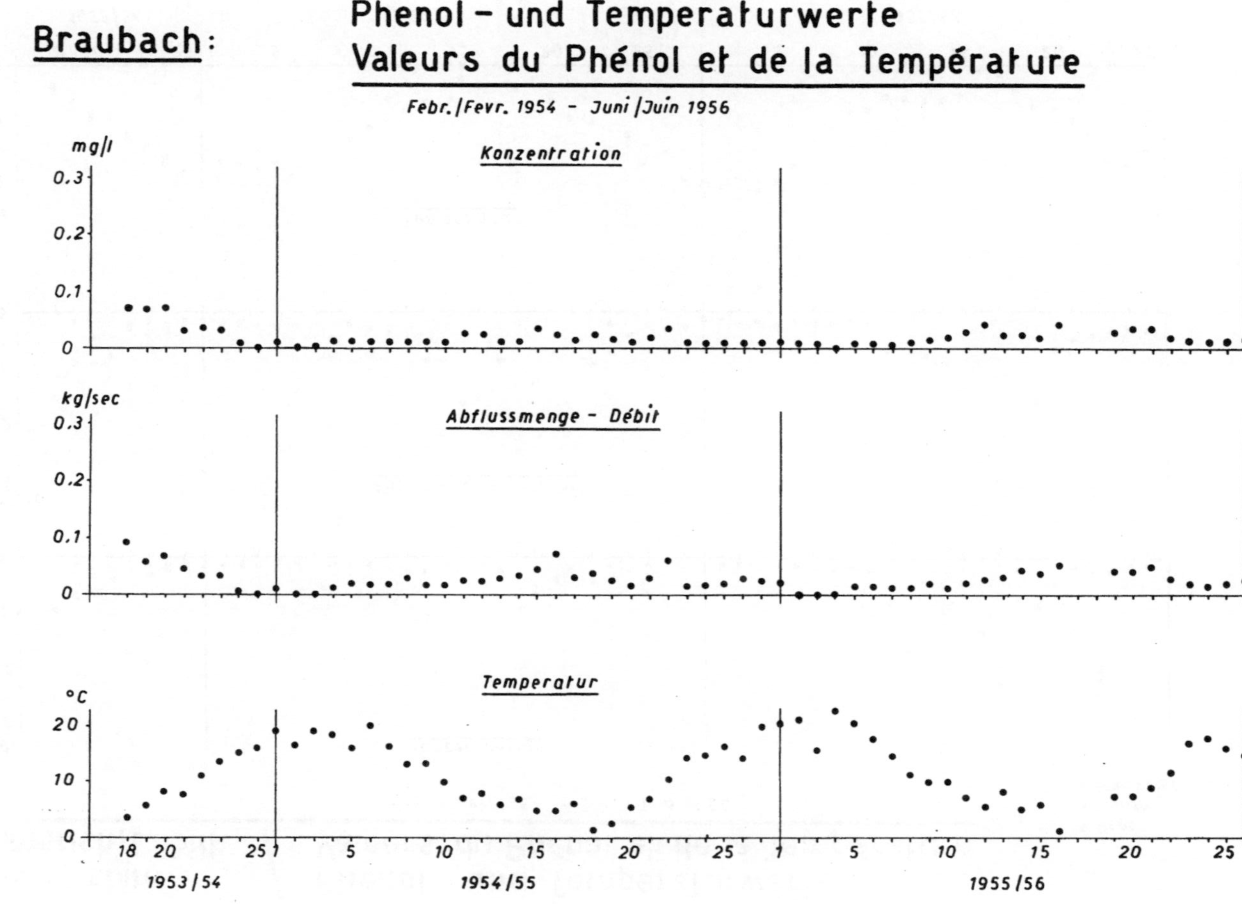

Fig. 7 a
Braubach:
Phenol – und Temperaturwerte
Valeurs du Phénol et de la Température
Febr./Fevr. 1954 – Juni/Juin 1956
mg/l
Konzentration
0.3
0.2
0.1
0
kg/sec
Abflussmenge – Débit
0.3
0.2
0.1
0
°C
Temperatur
20
10
0
18 20 25 1 5 10 15 20 25 1 5 10 15 20 25
1953/54
1954/55
1955/56

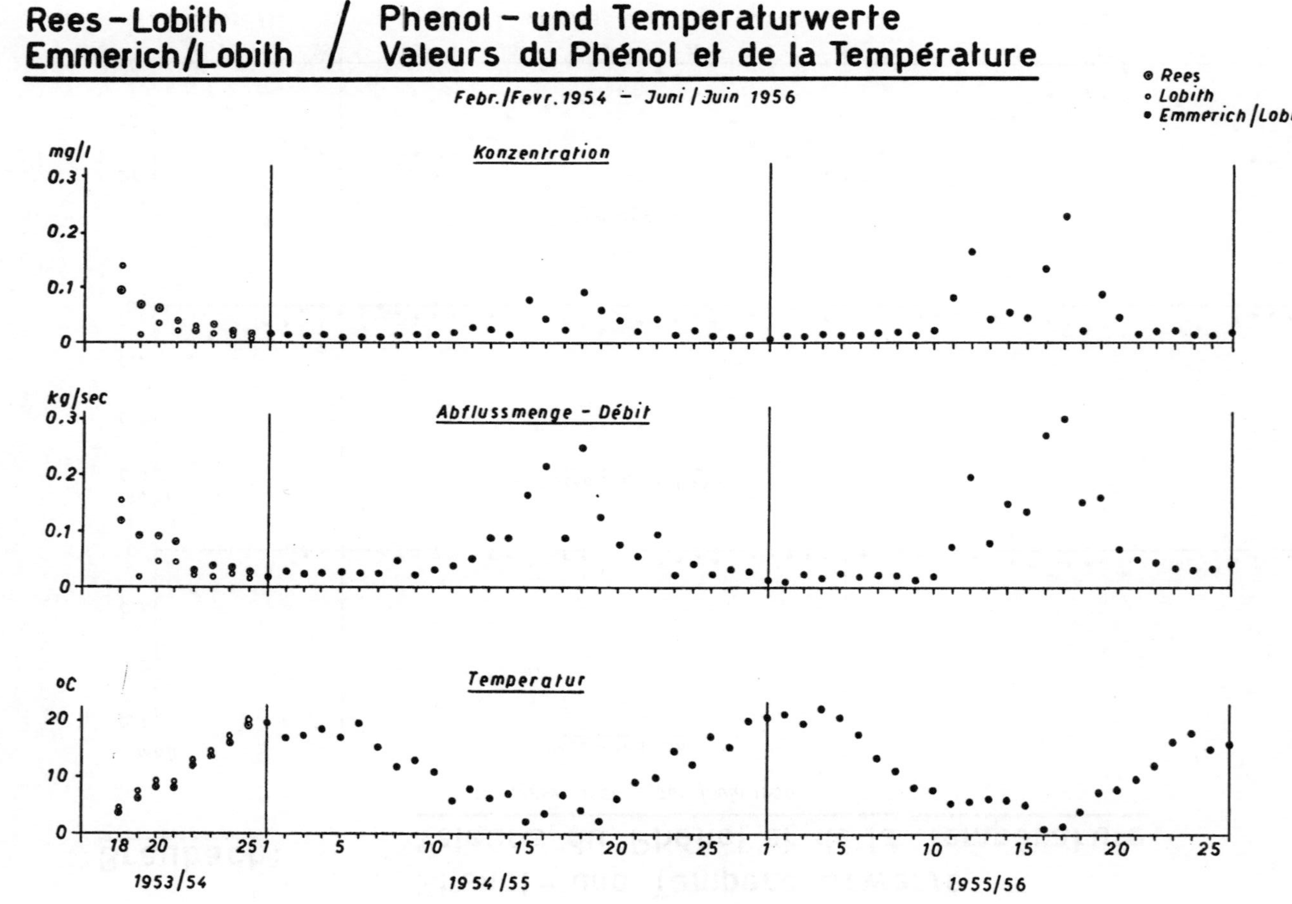
Rees–Lobith   / Phenol – und Temperaturwerte
Emmerich/Lobith / Valeurs du Phénol et de la Température
Febr./Fevr.1954 – Juni/Juin 1956
Fig. 7 b
Rees
Lobith
Emmerich/Lobith
mg/l
Konzentration
0.3
0.2
0.1
0
kg/sec
Abflussmenge – Débit
0.3
0.2
0.1
0
oC
Temperatur
20
10
0
18 20   25
1953/54
5   10   15   20   25
1954/55
5   10   15   20   25
1955/56

Fig. 7 c

Phenol: Abflussmenge in Funktion der Temperatur
Phénol: Débit en fonction de la température
Febr./Fevr. 1954 – Juni/Juin 1956
• Emmerich [Rees]/Lobith
o Mittelwerte der Klassen à 5°C
  Valeurs moyennes des classes à 5°C
Temp. °C
20
15
10
5
0
kg/sec
0,2
0,1
0

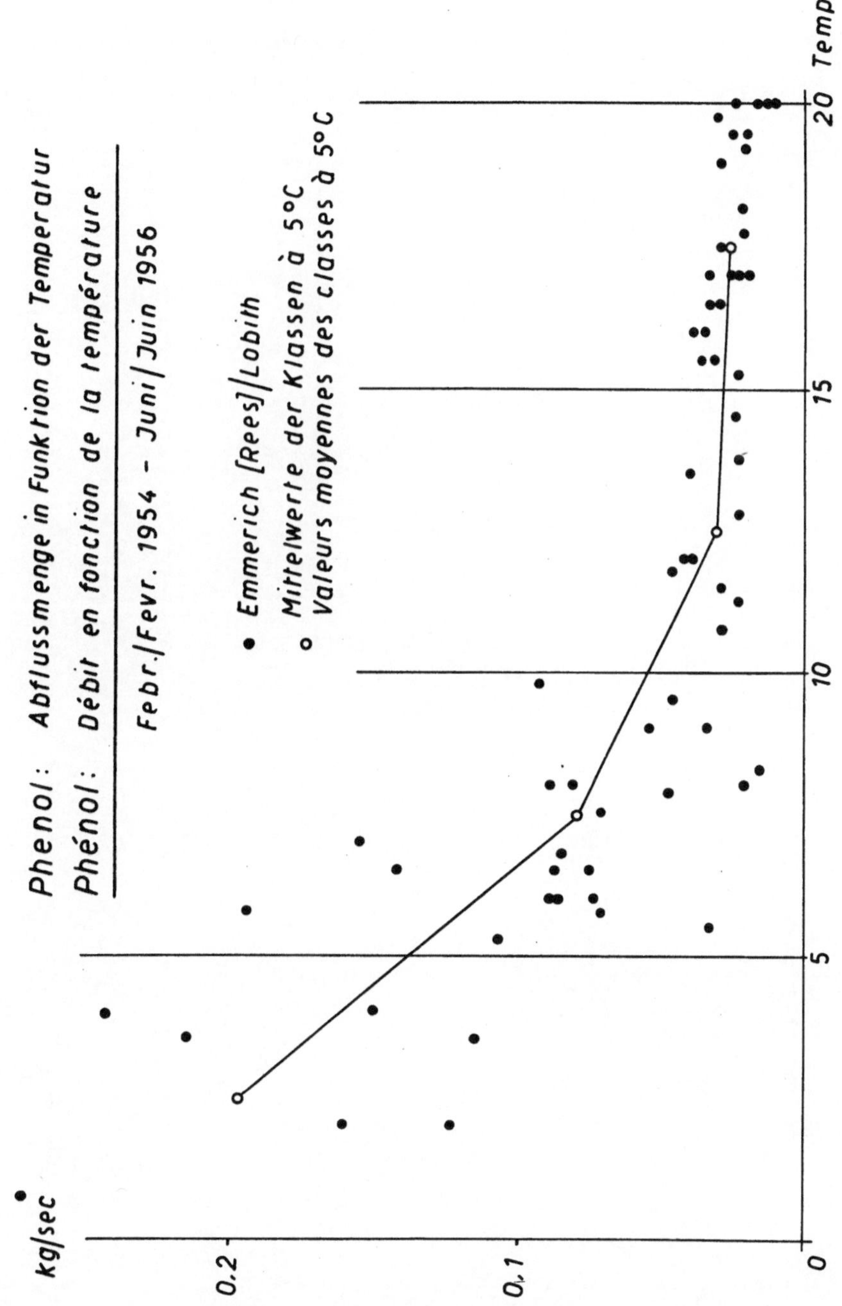

ANHANG 1

Die Beziehung zwischen dem Chloridgehalt und der Wasserführung des Rheins

1. Regression der Chloridkonzentration auf die Abflußmenge

Es wurde schon früher darauf hingewiesen (J.P. MAZURE: De Water- en Zoutbalans van het IJsselmeer; Rapport Drinkwatervoorziening Westen des Lands, Bijlage IX [1936], K.W. LEEFLANG: Die Chloridgehalte von Niederrhein und Lek, Water, Den Haag, Nr. 1 [1943]), daß eine Korrelation zwischen Cl^--Konzentration und Wasserführung des Rheins besteht, die sich mit einer *linearen Regression* der Konzentrationswerte auf die reziproken Werte der Abflußmenge $\left(\dfrac{1}{Q}\right)$ ausdrücken läßt, das heißt

$$y = a + b \cdot 1/Q \tag{1}$$
$$\text{oder} \quad y = a + b' \cdot 1000/Q \tag{1a}$$

worin

- y = beobachtete Chloridkonzentration [g Cl^-/m^3],
- Q = Abflußmenge zur Zeit der Chloridmessung [m^3/sec],
- a = Konstante, hypothetischer Wert für eine unveränderliche Cl^--Konzentration bei unendlich großer Wasserführung [g Cl^-/m^3],
- b, b' = Konstante [g Cl^-/sec bzw. 1000 g Cl^-/sec = kg Cl^-/sec].

Die lineare Beziehung gemäß Ausdruck 1 oder 1a gilt selbstverständlich nur für den Bereich der effektiven Beobachtungen von Q.

2. Diskussion der Regressionsfunktion

a) Der *Regressionskoeffizient b'* (Steigung der Geraden) besitzt die Dimension kg Cl^-/sec und stellt somit die *wahrscheinlichste Zahl für den durchschnittlichen Chloridtransport (kg/sec) im Rhein während der Beobachtungsperiode* dar, die sich aus den durchgeführten Messungen ableiten läßt. Diese Ziffer kann nicht mit dem Mittelwert der Einzelbeobachtungen übereinstimmen, da sie eine andere mathematische Grundlage besitzt. Sie stellt aber eine bessere Näherung an die wirklichen Verhältnisse dar als die Durchschnitte.

b) Die *Ordinatenabschnitte a:* Der Summand a in Gleichungen 1 oder 1a stellt nur eine rein mathematische Größe (allerdings mit der Dimension [g/m^3]) dar.

Von verschiedenen früheren Autoren wurde allerdings die vom Werte a angegebene Cl^--Konzentration als «natürliche Cl^--Konzentration des Rheins» bei völligem Fehlen von Abwasserzuflüssen bezeichnet. Diese Interpretation ist mathematisch unzulässig und stimmt zweifellos auch nicht mit der Wirklichkeit überein, denn:

– Es ist nicht statthaft, die berechneten Regressionsgeraden über den Bereich der effektiven Beobachtungen hinaus fortzusetzen, da wir für diese neuen Bereiche keinerlei Hinweise über den tatsächlichen Verlauf der Regressionslinie besitzen.

– Es ist als unwahrscheinlich zu bezeichnen, daß sich die Regressionen als Gerade bis zu beliebigen Abszissenwerten, also zum Beispiel $1000/Q = 0$ ($Q = \infty$) oder $1000/Q = \infty$ | ($Q = 0$) fortsetzen lassen. Dies würde nämlich besagen, daß die Abflußmenge der Chloride natürlicher Herkunft von der Niederschlagshöhe im Einzugsgebiet des Flusses unabhängig und konstant wäre. Daß dies keineswegs der Fall ist, geht schon daraus hervor, daß die berechneten Werte für die Abszissen $1000/Q = 0$ sehr stark streuen und sogar Beträge < 0 annehmen können.

Die Regressionen, die nachstehend berechnet wurden, sind deshalb als Annäherungen an Funktionen zu betrachten, deren genauer Verlauf uns unbekannt ist, die aber innerhalb unseres Beobachtungsbereiches offenbar annähernd linear sind. Unter Berücksichtigung des vorher umschriebenen Gültigkeitsbereiches bieten jedoch diese Regressionen zwei wichtige Möglichkeiten:

II   Bericht über die physikalisch-chemische Untersuchung des Rheinwassers

1. Quantitativer Vergleich der Abflußverhältnisse der Chloride in verschiedenen Beobachtungsperioden mit statistischen Berechnungsmethoden.
2. Berechnung der wahrscheinlichsten Dauerlinien der Chloridkonzentration.

3. Beobachtete Regressionen

Wir haben die Regressionsgleichungen für die Beobachtungen im Niederrhein mit nachstehendem Resultat berechnet:

Station	Beobachtungsperiode	Regression	
Rees	1. Jahr (1953/54)	$y = -\ 5{,}2 + 203{,}9 \cdot 1000/Q$	(2)
Lobith	1. Jahr (1953/54)	$y = +17{,}2 + 179{,}5 \cdot 1000/Q$	(3) ·
Emmerich	2. Jahr (1954/55)	$y = +22{,}1 + 190{,}3 \cdot 1000/Q$	(4)
Lobith	2. Jahr (1954/55)	$y = +31{,}6 + 176{,}7 \cdot 1000/Q$	(5)
Emmerich	3. Jahr (1955/56)	$y = +27{,}9 + 191{,}1 \cdot 1000/Q$	(6)
Lobith	3. Jahr (1955/56)	$y = +25{,}9 + 186{,}1 \cdot 1000/Q$	(7)

Die «Konstanten» a und b dieser Gleichungen variieren innerhalb eines weiten Bereiches, und wir haben deshalb geprüft, ob in Anbetracht dieser Streuungen ein statistisch gesicherter Unterschied zwischen den Regressionen besteht, der einen Unterschied zwischen Chloridabflüssen in den einzelnen Untersuchungsjahren aufzeigen würde. Diese Prüfung führte zu dem eindeutigen Ergebnis, daß die Streuungen der Einzelmessungen um die Regressionsgeraden, die Streuungen der einzelnen Regressionskoeffizienten b' und die Streuungen der Ordinatenabschnitte a so gross sind, daß *keine gesicherten Unterschiede zwischen den Regressionen der einzelnen Untersuchungsjahre bestehen.* Man ist deshalb berechtigt, sämtliche Einzelbeobachtungen aller drei Jahre und von den drei Probenahmestellen (Rees, Emmerich und Lobith) gemeinsam zu einer neuen Regressionsgeraden zusammenzufassen (Fig. 6d).

$$y = 28{,}6 + 174{,}5 \cdot 1000/Q \qquad\qquad (8)$$

Wir haben in Fig. I a–c die gemeinsamen Regressionen der jährlichen Beobachtungen an den beiden Stationen Rees, bzw. Emmerich und Lobith dargestellt. Fig. I d zeigt schließlich die gemeinsame Regression aller sechs Beobachtungsserien.

Die gemeinsame Regression gemäß Gleichung 8 kann zur Ermittlung einer «wahrscheinlichsten Dauerlinie» für die Chloridkonzentration im Niederrhein während der drei Beobachtungsjahre benützt werden, die in Fig. II dargestellt ist. Diese Kurve besitzt eine relativ große Zuverlässigkeit, da sie auf rund 150 Einzelbeobachtungen aus einer dreijährigen Periode aufgebaut ist. Es ist an dieser Stelle aber ausdrücklich darauf hinzuweisen, daß die ausgewerteten Probenahmen im Niederrhein immer ungefähr an denselben Wochentagen und zu denselben Tageszeiten erfolgten. Es ist zurzeit nicht bekannt, ob diese spezielle zeitliche Verteilung der Probenahmen einen wesentlichen Einfluß auf die Lage der Regressionslinie (Gleichung 8) und auf den Verlauf der daraus abgeleiteten Dauerkurve (Fig. II) ausübt.

K. Wuhrmann   F. Zehender

ANNEXE 1

Relation entre la teneur en chlorures et le débit du Rhin

1. Régression de la concentration en chlorures avec le débit

On savait déjà qu'il existe une corrélation entre la concentration en chlorures et le débit. (J.P. MAZURE: De Water- en Zoutbalans van het IJsselmeer; Rapport Drinkwatervoorziening Westen des Lands, Bijlage IX [1936], K.W. LEEFLANG: Die Chloridgehalte von Niederrhein und Lek, Water, Den Haag, no. 1 [1943].) L'on peut exprimer cette corrélation par une *régression linéaire* des valeurs de concentration avec les valeurs réciproques du débit $\left(\dfrac{1}{Q}\right)$, c'est-à-dire par

$$y = a + b \cdot 1/Q \tag{1}$$
$$\text{ou bien} \quad y = a + b' \cdot 1000/Q \tag{1a}$$

dans ces équations

- y = concentration en chlorures mesurée [g Cl$^-$/m³],
- Q = débit au moment du mesurage des chlorures [m³/sec],
- a = constante, valeur hypothétique d'une concentration en Cl$^-$, invariable, à un débit extrêmement grand [g Cl$^-$/m³],
- b, b' = constante [g Cl$^-$/sec resp. 1000 g Cl$^-$/sec = kg Cl$^-$/sec].

La relation linéaire selon équation 1 ou 1a, n'est bien entendu valable qu'entre les valeurs minimum et maximum des débits Q effectivement mesurés.

2. Discussion de la fonction de régression

a) Le *coefficient de régression b'* (pente de la droite) a la dimension kg Cl$^-$/sec et présente par là *le chiffre le plus probable pour la quantité moyenne de chlorures (kg/sec) transportés par le Rhin pendant la période d'observation*, tel qu'il résulte des mesures exécutées. Ce chiffre ne peut cependant correspondre à la valeur moyenne des résultats des observations isolées, car il a une toute autre base mathématique. Mais il est plus près des conditions véritables que les valeurs moyennes.

b) Le terme *a* de l'équation 1 ou 1a ne représente qu'une grandeur mathématique, ayant la dimension [g/m³].

Divers auteurs ont cependant désigné la concentration en chlorures, donnée par la valeur *a*, par «concentration naturelle en chlorures du Rhin», s'il n'y avait aucun déversement d'eaux usées. Cette interprétation est inadmissible du point de vue mathématique et ne correspond certainement pas non plus à la réalité, car:

- Il n'est pas permis de prolonger au-delà des observations effectives les droites de régression, car nous ne possédons aucune indication sur la forme réelle de la ligne de régression dans ces nouvelles zones.
- Il est peu probable que l'allure des régressions soit une droite jusqu'à une valeur d'abscisse quelconque, par exemple $1000/Q = 0$ ($Q = \infty$) ou bien $1000/Q = \infty$ ($Q = 0$). Si tel était le cas, cela signifierait que la concentration naturelle en chlorures du Rhin est constante et indépendante de la quantité de pluie reçue par le bassin d'alimentation du fleuve. Rien que le fait que les valeurs calculées pour les abscisses $1000/Q = 0$ ont une grande dispersion et prennent même des valeurs < 0, indique que cela n'est guère le cas.

Les régressions calculées ci-dessous sont donc à considérer comme approximation des fonctions dont nous ne connaissons pas l'allure exacte, mais qui sont vraisemblablement linéaires à l'intérieur de nos zones d'observations. A condition de tenir compte de la validité restreinte indiquée ci-dessus, ces régressions nous donnent deux possibilités importantes:

1° Comparaison quantitative des conditions de débit des chlorures dans les différentes périodes d'analyses, avec méthodes statistiques d'observation.

2° Calcul des courbes les plus probables de concentrations en chlorures classées.

3. *Régressions observées*

Nous avons établi les équations de régression pour les analyses dans le bas Rhin et avons trouvé se qui suit:

Station	Période d'observation	Régression	
Rees	1ère année (1953/54)	$y = -\ 5{,}2 + 203{,}9 \cdot 1000/Q$	(2)
Lobith	1ère année (1953/54)	$y = +17{,}2 + 179{,}5 \cdot 1000/Q$	(3)
Emmerich	2ème année (1954/55)	$y = +22{,}1 + 190{,}3 \cdot 1000/Q$	(4)
Lobith	2ème année (1954/55)	$y = +31{,}6 + 176{,}7 \cdot 1000/Q$	(5)
Emmerich	3ème année (1955/56)	$y = +27{,}9 + 191{,}1 \cdot 1000/Q$	(6)
Lobith	3ème année (1955/56)	$y = +25{,}9 + 186{,}1 \cdot 1000/Q$	(7)

Les «constantes» a et b de ces équations varient dans une zone étendue et nous avons donc examiné si, compte tenu de ces dispersions, il existe une différence statistiquement assurée entre les régressions; cette différence révèlerait une différence des débits de chlorures entre les différentes années d'observation. Cet examen nous a conduit à l'affirmation suivante: les dispersions des mesurages isolés autour des droites de régression, les dispersions des divers coefficients de régression b' ainsi que les dispersions des ordonnées a sont si grandes, *qu'il n'existe pas de différences significatives entre les régressions des diverses années d'analyses.* On est donc en droit de grouper toutes les analyses particulières des trois années et des trois lieux de prélèvement (Rees, Emmerich et Lobith) dans une nouvelle droite de régression (fig. I):

$$y = 28{,}6 + 174{,}5 \cdot 1000/Q \qquad\qquad (8)$$

Dans les figures I a–c nous avons représenté les régressions communes des observations annuelles aux deux stations, à savoir Rees, respectivement Emmerich et Lobith. La figure I d enfin montre la régression commune des six séries d'observations.

La régression commune selon équation (8) peut être utilisée pour calculer la courbe «la plus probable» des concentrations en chlorures classées pour le bas Rhin, au cours des trois années d'analyses; cette courbe est représentée dans la figure II. Elle a une exactitude relativement grande, vu qu'elle est établie à l'aide d'environ 150 analyses isolées et réparties sur trois années. Nous tenons cependant à mentionner que les échantillons d'eau du bas Rhin analysés, ont pour ainsi dire toujours été pris le même jour de la semaine et à la même heure. On ne sait actuellement pas encore si la régularité des moments de prélèvement a une influence sensible sur la position de la courbe de régression (équation 8) et sur l'allure de la courbe des concentrations classées (fig. II) qui en a été déduite.

K. Wuhrmann   F. Zehender

Fig. I

Chlorid /Chlorure:
Beziehung zwischen Gehalt u. Abflussmenge
Relation entre la concentration et le débit
Q = Abflussmenge/Débit
mg/l
250
200
100
0
Rees
Lobith
1953/54
0,2   0,4   0,6   0,8   1,0   1,2   1000/Q
a
mg/l
200
100
0
Emmerich
Lobith
1954/55
0,2   0,4   0,6   1000/Q sec/m³
b

mg/l
250
200
100
0
Emmerich
Lobith
1955/56
0,2   0,4   0,6   0,8   1,0   1,2
1000/Q   sec/m³
c
mg/l
200
100
0
Rees
Emmerich 1953 - 56
Lobith
0,2   0,4   0,6   0,8   1,0
1000/Q   sec/m³
d

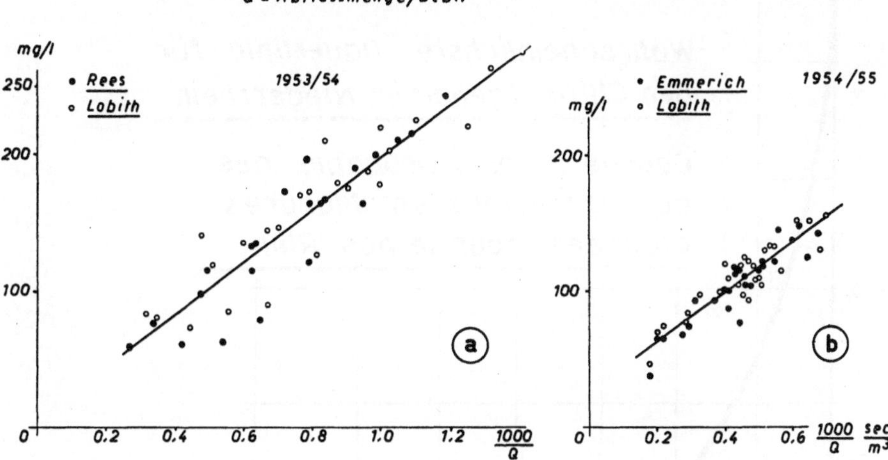

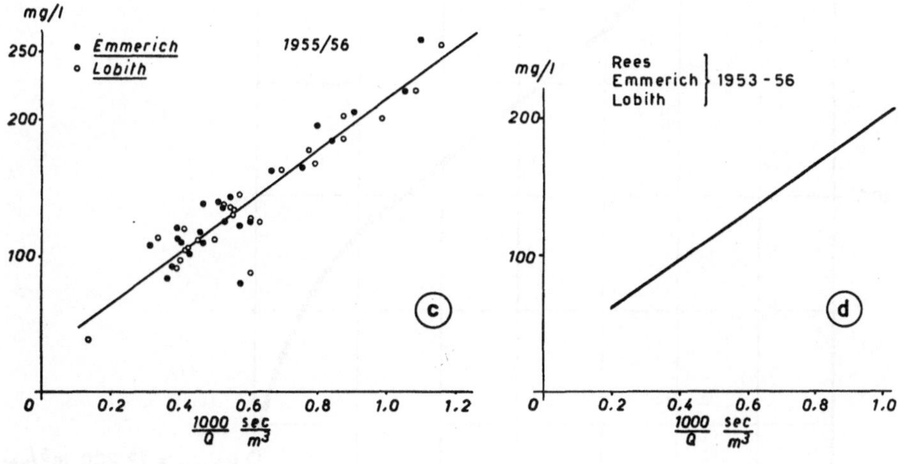

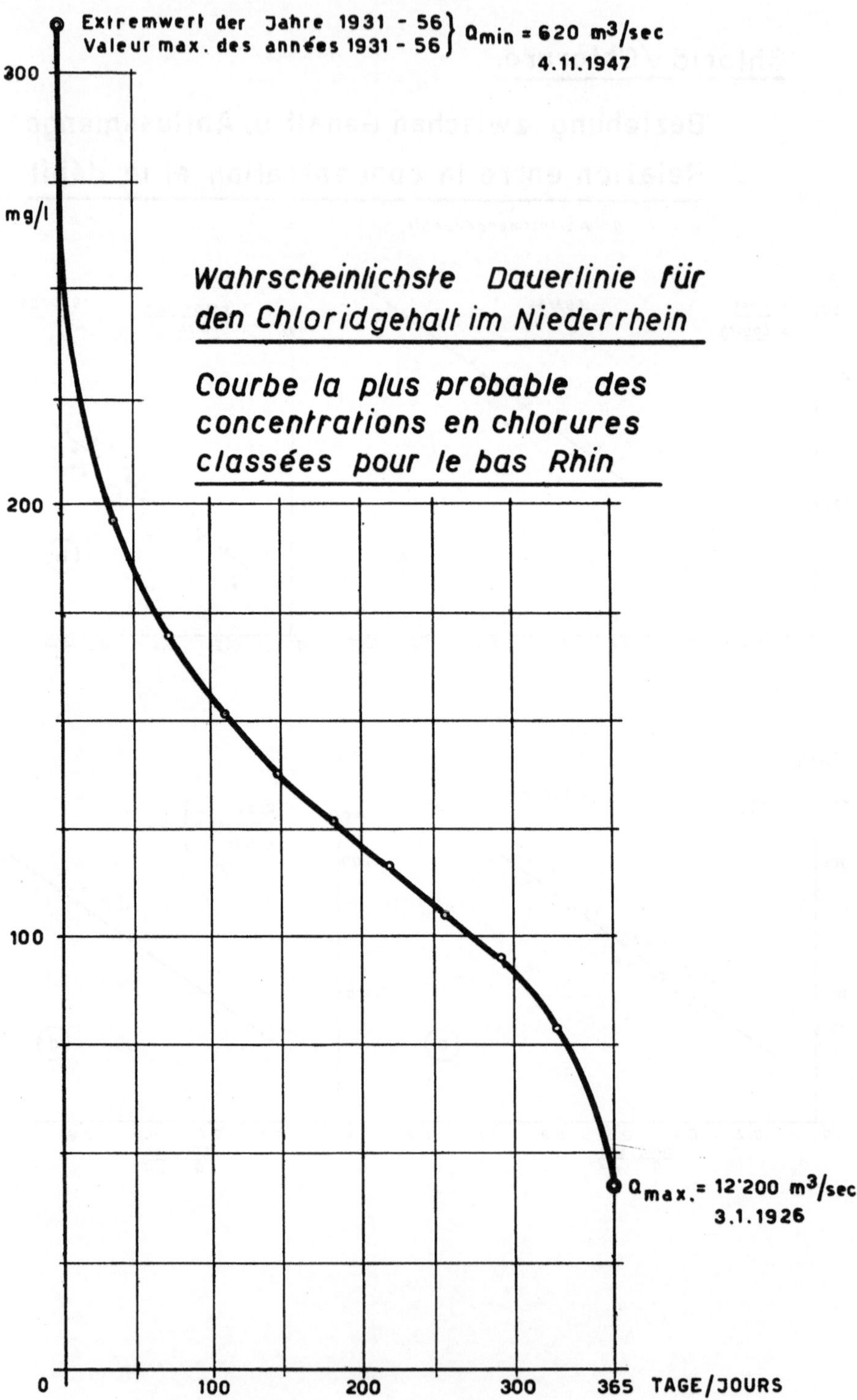
Fig. II
Extremwert der Jahre 1931 - 56
Valeur max. des années 1931 - 56
$Q_{min} = 620$ m³/sec
4.11.1947
300
mg/l
Wahrscheinlichste Dauerlinie für
den Chloridgehalt im Niederrhein
Courbe la plus probable des
concentrations en chlorures
classées pour le bas Rhin
200
100
$Q_{max.} = 12'200$ m³/sec
3.1.1926
0
100
200
300
365 TAGE/JOURS

V

ANHANG 2

Zusätzliche Untersuchungen am Rheinwasser an der deutsch-holländischen Grenze

Von den deutschen und holländischen Experten wurde das Rheinwasser hinsichtlich mehrerer über das offizielle Arbeitsprogramm hinausgehender Kriterien untersucht. Die Ergebnisse dieser zusätzlichen Analysen an den Proben von Emmerich und Lobith sind im folgenden zusammengestellt. Sie geben uns die Möglichkeit, den derzeitigen Zustand des Rheinwassers beim Eintritt auf das holländische Gebiet etwas eingehender zu beurteilen.

Folgende Bestimmungen kamen zur Ausführung:

a) *pH-Wert* (Tabelle I)
b) Gehalt an *Ammonium-Ion* (Tabelle II)
c) Gehalt an *Nitrat-Ion* (Tabelle III)
d) Gehalt an *Phosphat-Ion* (Tabelle IV)
e) der *biochemische Sauerstoffbedarf* (BSB_5) (Tabelle V)
f) der *Kaliumpermanganatverbrauch* (Tabellen VIa und VIb).

Die angewandten Methoden zur Ermittlung des *pH-Wertes*, der Gehalte an *Ammonium-* und *Nitrat-Ionen* und zur Bestimmung des *biochemischen Sauerstoffbedarfes* finden sich in Bericht I (1953/54, Seite 14/15) dargestellt.

Die Bestimmung des *Phosphat-Ions* wurde im Rheinwasser direkt, das heißt ohne Aufschluß der organischen Substanz, nach der Vorschrift von R. CZENSY (Zeitschrift für Fischerei, N.F. *1*, 373 [1952/53]) vorgenommen. Die Methode beruht auf der Reduktion des Phosphormolybdän- bzw. Phosphorwolframkomplexes mit Zinn(2)chlorid zu Molybdänblau und anschließender kolorimetrischer Bestimmung der erzielten Blaufärbung.

Der *Kaliumpermanganatverbrauch* wurde im Laboratorium der *deutschen Experten* nach KUBEL-THIEMANN durch Erhitzen in *saurer* Lösung gemäß der Vorschrift der deutschen Einheitsverfahren zur Wasser-, Abwasser- und Schlammuntersuchung (Verlag Chemie, Weinheim/Bergstrasse, 1954) bestimmt. Die *holländischen Experten* dagegen brachten die Modifikation von SCHULZE-TROMMSDORFF zur Anwendung, bei welcher Methode in *alkalischer* Lösung erhitzt wird (vgl. OHLMÜLLER-SPITTA: Untersuchung und Beurteilung des Wassers und des Abwassers, 5. Auflage, J. Springer-Verlag, Berlin, 1931). Zudem wurden die deutschen Bestimmungen im filtrierten Wasser, die holländischen dagegen im nicht filtrierten Wasser, ausgeführt.

Da die beiden Methoden nicht zu streng vergleichbaren Ergebnissen führen, wurden die Zahlenwerte der Proben von Emmerich und Lobith in zwei getrennten Tabellen aufgeführt.

In analoger Weise wie bei der Auswertung der offiziellen Untersuchungen wurden von den Analysenwerten der gleichzeitig in Emmerich und Lobith erhobenen Proben jeweils die Mittelwerte gebildet. Einzig bei den auf Grund von zwei verschiedenen Methoden gewonnenen Permanganatzahlen sahen wir davon ab. Die in den Tabellen verzeichneten Durchschnittswerte dienten auch zur Berechnung der abfließenden Stoffmengen in kg/sec.

In den Tabellen sind jeweils die niedrigsten und die höchsten Werte einer Untersuchungsreihe fett gedruckt. Der Durchschnitt aller Werte eines Untersuchungsjahres ist mit M bezeichnet. N bedeutet die Zahl der in einer Reihe enthaltenen Bestimmungen.

ANNEXE 2

Analyses supplémentaires de l'eau du Rhin à la frontière germano-hollandaise

MM les experts allemands et hollandais ont procédé à des analyses de l'eau du Rhin en dehors du cadre du programme de la commission. Nous avons groupé ci-dessous les résultats des analyses d'échantillons prélevés à Emmerich et à Lobith. Ces résultats nous permettent de nous rendre mieux compte de l'état actuel de l'eau du Rhin à la frontière hollandaise.

Les analyses suivantes ont été exécutées:

a) valeur du *pH* (tableau I)
b) teneur en *ion-ammoniaque* (tableau II)
c) teneur en *ion-nitrate* (tableau III)
d) teneur en *ion-phosphate* (tableau IV)
e) *demande biochimique en oxygène* (BOD_5) (tableau V)
f) *consommation de permanganate de potassium* (tableaux VIa et VIb)

Les méthodes utilisées pour déterminer la *valeur du pH*, les teneurs en *ion-ammoniaque*, *ion-nitrate* et la *demande biochimique en oxygène* sont indiquées dans le Rapport I (1953/54, pages 38/39).

Le *ion-phosphate* a été dosé dans l'eau du Rhin par voie directe d'après la méthode de R. CZENSY (cf. Zeitschrift für Fischerei, N.F. *1*, 373 [1952/53]), c'est-à-dire sans décomposition préalable des matières organiques. Ce procédé est basé sur la réduction du complexe phosphomolybdénique respectivement phosphotungstique avec du chlorure stanneux au bleu de molybdène, laquelle coloration est mesurée par colorimétrie.

Dans le laboratoire de MM les experts allemands, *l'oxydabilité au permanganate de potassium* a été dosée d'après KUBEL-THIEMANN, c'est-à-dire par échauffement dans une *solotion acide* selon les «Deutsche Einheitsverfahren zur Wasser-, Abwasser- und Schlamm-untersuchung» (Verlag Chemie, Weinheim/Bergstrasse, 1954). MM les experts hollandais par contre ont utilisé la modification de SCHULZE-TROMMSDORFF, méthode dans laquelle on échauffe dans une *solution alcaline* (cf. OHLMÜLLER-SPITTA: Untersuchung und Beurteilung des Wassers und des Abwassers, 5. Auflage, J. Springer-Verlag, Berlin, 1931). Les analyses allemandes ont en outre été exécutées dans l'eau filtrée, les analyses hollandaises dans l'eau non filtrée.

Vu que les résultats de ces deux méthodes ne peuvent être comparés, nous avons marqué les résultats des analyses dans deux tableaux différents.

Par analogie à l'interprétation des résultats des analyses officielles, nous avons calculé les moyennes des résultats d'analyses de tous les échantillons pris simultanément à Emmerich et à Lobith. Nous y avons renoncé pour les valeurs de l'oxydabilité en raison des deux méthodes différentes. Les moyennes indiquées dans les tableaux ont également été utilisées pour calculer les quantités en kg/sec.

Dans tous les tableaux les valeurs minima et maxima sont imprimées en caractères gras. La moyenne de toutes les observations d'une année d'analyses est désignée par M, le nombre d'analyses d'un cycle par N.

Additional material from *Bericht Über die Physikalisch-Chemische Untersuchung des Rheinwassers*
ISBN 978-3-0348-6790-0 (978-3-0348-6790-0_OSFO2),
is available at http://extras.springer.com

Tabelle / Tableau VI a: EMMERICH

Kaliumpermanganatverbrauch des filtrierten Rheinwassers
Consommation de permanganate de potassium de l'eau du Rhin filtrée
nach / d'après KUBEL-THIEMANN

	1954/55			1955/56	
No	mg/l $KMnO_4$	kg/sec	No	mg/l $KMnO_4$	kg/sec
1	36,5	55,1	1	31,5	71,3
2	36	84,2	2	25	65,9
3	30	66,5	3	**22**	56,7
4	30	**43,6**	4	29	49,1
5	30	102,0	5	34	57,7
6	31	64,2	6	31	57,6
7	32,5	74,3	7	33	42,8
8	28	100,7	8	36	41,9
9	36,5	77,6	9	39,5	42,2
10	34	78,0	10	44	**41,1**
11	33	55,4	11	**53**	47,0
12	39	67,0	12	42	50,3
13	—	—	13	32,5	61,7
14	27	**152,8**	14	29,5	64,6
15	29	61,7	15	28,5	70,7
16	27	135,3	16	29	60,0
17	**20**	92,5	17	—	—
18	26,5	70,9	18	—	—
19	32,5	64,5	19	32,5	57,9
20	40	76,2	20	41	60,3
21	28,5	71,0	21	29,5	73,5
22	**41**	90,5	22	32	59,0
23	38,5	60,7	23	33,5	54,3
24	30	58,1	24	30	60,0
25	38	72,2	25	26	**80,1**
26	30	95,0	26	26	63,4
27	29	68,8			
M	32,1	78,4	M	32,9	57,9
N	26	26	N	24	24

Tabelle / Tableau VI b: LOBITH

Kaliumpermanganatverbrauch im unfiltrierten Rheinwasser
Consommation de permanganate de potassium de l'eau du Rhin non filtrée
nach / d'après SCHULZE-TROMMSDORFF

1954/55			1955/56		
No	mg/l KMnO$_4$	kg/sec	No	mg/l KMnO$_4$	kg/sec
1	—	—	1	31,6	71,6
2	40,4	94,4	2	36,0	95,0
3	36,4	80,7	3	**24,8**	63,9
4	38,4	**55,8**	4	40,0	67,7
5	38,4	93,3	5	35,6	60,4
6	29,2	60,4	6	35,2	65,4
7	32,0	73,1	7	44,8	58,1
8	34,4	123,7	8	46,8	**54,5**
9	32,0	68,0	9	51,2	54.7
10	35,2	80,8	10	61,6	57,6
11	36,0	63,4	11	64,0	56,8
12	39,6	68,0	12	**110,4**	132,2
13	43,6	151,3	13	41,2	78,2
14	36,0	**203,8**	14	39,2	85,8
15	33,6	71,5	15	36,8	91,3
16	**27,2**	136,3	16	40,0	82,7
17	39,2	181,2	17	47,2	60,9
18	—	—	18	41,2	**309,8**
19	36,4	72,3	19	42,0	74,9
20	40,4	77,0	20	41,6	61,2
21	31,2	77,8	21	44,4	110,7
22	39,2	86,5	22	42,4	78,1
23	**49,6**	78,2	23	45,6	73,9
24	36,8	71,3	24	42,0	85,1
25	39,6	75,2	25	37,6	115,9
26	34,8	110,1	26	33,2	80,9
27	34,4	81,6			
M	36,6	93,4	M	44,5	85,7
N	25	25	N	26	26